建筑工人职业技能培训教材

建筑工程系列

模 板 工

《建筑工人职业技能培训教材》编委会 编

中国建材工业出版社

图书在版编目(CIP)数据

模板工 /《建筑工人职业技能培训教材》编委会
编. —— 北京：中国建材工业出版社，2016.9（2021.7 重印）
建筑工人职业技能培训教材
ISBN 978-7-5160-1532-2

Ⅰ. ①模… Ⅱ. ①建… Ⅲ. ①模板－建筑工程－工程
施工－技术培训－教材 Ⅳ. ①TU755.2

中国版本图书馆 CIP 数据核字(2016)第 145048 号

模板工

《建筑工人职业技能培训教材》编委会 编

出版发行：中国建材工业出版社

地　　址：北京市海淀区三里河路 1 号
邮　　编：100044
经　　销：全国各地新华书店
印　　刷：北京雁林吉兆印刷有限公司
开　　本：850mm×1168mm 1/32
印　　张：9.125
字　　数：200 千字
版　　次：2016 年 9 月第 1 版
印　　次：2021 年 7 月第 6 次
定　　价：24.00 元

本社网址：www.jccbs.com　微信公众号：zgjcgycbs
本书如出现印装质量问题，由我社市场营销部负责调换。电话：(010)88386906

前　言

《中华人民共和国就业促进法》、国务院《关于加快发展现代职业教育的决定》[国发(2014)19号]、住房和城乡建设部《关于印发建筑业农民工技能培训示范工程实施意见的通知》[建人(2008)109号]、住房和城乡建设部《关于加强建筑工人职业培训工作的指导意见》[建人(2015)43号]、住房和城乡建设部办公厅《关于建筑工人职业培训合格证有关事项的通知》[建办人(2015)34号]等相关文件,对全面提高工人职业操作技能水平,以保证工程质量和安全生产做出了明确的要求。

根据住房和城乡建设部就加强建筑工人职业培训工作,做出的"到2020年,实现全行业建筑工人全员培训、持证上岗"具体规定,为更好地贯彻落实国家及行业主管部门相关文件精神和要求,全面做好建筑工人职业技能教育培训,由中国工程建设标准化协会建筑施工专业委员会、黑龙江省建设教育协会、新疆建设教育协会会同相关施工企业、培训单位等,组织了由建设行业专家学者、培训讲师、一线工程技术人员及具有丰富施工操作经验的工人和技师等组成的编审委员会,编写这套《建筑工人职业技能培训教材》。

本套丛书主要依据住房和城乡建设部、人力资源和社会保障部发布的《职业技能岗位鉴定规范》《中华人民共和国职业分类大典(2015年版)》《建筑工程施工职业技能标准》《建筑装饰装修职业技能标准》《建筑工程安装职业技能标准》等标准要求,以实现全面提高建设领域职工队伍整体素质,加快培养具有熟练操作技能的技术工人,尤其是加快提高建筑业农民工职业技能水平,保证建筑工程质量和安全,促进广大农民工就业为目标,重点抓住建筑工人现场施工操作技能和安全为核心进行编制,"量身订制"打造了一套适合不同文化层次的技术工人和读者需要的技能培训教材。

本套教材系统、全面地介绍了各工种相关专业基础知识、操作技能、安全知识等,同时涵盖了先进、成熟、实用的建筑工程施工技术,还包括了现代新材料、新技术、新工艺和环境、职业健康安全、节能环保等方面的知识,力求做到了技术内容最新、最实用,文字通俗易懂,语言生动简洁,辅以大量直观的图表,非常适合不同层次水平、不同年龄的建筑工人职业技能培训和实际施工操作应用。

丛书共包括了"建筑工程"、"装饰装修工程"、"安装工程"3大系列以及《建筑工人现场施工安全读本》,共25个分册:

一、"建筑工程"系列,包括8个分册,分别是:《砌筑工》《钢筋工》《架子工》《混凝土工》《模板工》《防水工》《木工》和《测量放线工》。

二、"装饰装修工程"系列,包括8个分册,分别是:《抹灰工》《油漆工》《镶贴工》《涂裱工》《装饰装修木工》《幕墙安装工》《幕墙制作工》和《金属工》。

三、"安装工程"系列,包括8个分册,分别是:《通风工》《安装起重工》《安装钳工》《电气设备安装调试工》《管道工》《建筑电工》《中小型建筑机械操作》和《电焊工》。

本书根据"模板工"工种职业操作技能,结合在建筑工程中的实际应用,针对建筑工程施工材料、机具、施工工艺、质量要求、安全操作技术等做了具体、详细的阐述。本书内容包括模板的分类,钢筋混凝土结构简介,模板施工机械机具,胶合板模板,组合式模板,工具式模板,现浇混凝土模板施工要点,模板拆除作业技术,模板工岗位安全常识,相关法律法规及务工常识。

本书对于加强建筑工人培训工作,全面提升建筑工人操作技能水平具有很好的应用价值,不仅极大地提高工人操作技能水平和职业安全水平,更对保证建筑工程施工质量,促进建筑安装工程施工新技术、新工艺、新材料的推广与应用都有很好的推动作用。

由于时间限制,以及编者水平有限,本书难免有疏漏之处,欢迎广大读者批评指正,以便本丛书再版时修订。

编　者

2016年9月　北京

China Building Materials Press

我 们 提 供

图书出版、图书广告宣传、企业/个人定向出版、设计业务、企业内刊等外包、代选代购图书、团体用书、会议、培训，其他深度合作等优质高效服务。

编 辑 部
010-88386119

出版咨询
010-68343948

市场销售
010-68001605

门市销售
010-88386906

邮箱：jccbs-zbs@163.com　　网址：www.jccbs.com

发展出版传媒　　服务经济建设

传播科技进步　　满足社会需求

目录 CONTENTS

第1部分 模板工岗位基础知识

一、模板的分类

1. 模板按材料不同分类

模板按材料不同可分为：木模板、钢模板、钢木模板、钢竹模板、铝合金模板、混凝土薄板模板、塑料模板、玻璃模板等。

(1)木模板。

以白松为主的木材组成，板厚在 20～30mm，可按模数要求形成标准系列，便于加工。

(2)钢模板。

以 2～3mm 厚的热轧或冷轧薄板经轧制形成，根据几何条件不同可分为：

①定型组合钢模板。由 2.5mm 厚钢板轧制成槽状，再根据模数要求，形成不同宽度与长度的模板。由标准扣件与相应的支撑体系形成的模板系列，是目前我国使用较广泛的模板品种。

②定型钢模板。由型钢与 6～8mm 较厚钢板组成骨架，再配合组合钢模板或 3～4mm 厚钢板形成整体而便于多次使用的模板，如：基础梁、吊车梁、屋面梁等结构的固定模板。

③翻转模板。用于形状单一、重量不大的小型混凝土构件连续生产时的胎具，利用混凝土的干硬性翻转成型，一块模板重复使用，随即成型。

（3）复合模板。

由金属材料与高分子材料或木材根据组成材料的各自长处组合的模板体系，如铝合金、玻璃钢、高密度板、五合板组成的模板等。

（4）竹模板。

以竹材为主，辅以木材或金属边框组成的模板，或以竹材经胶合形成的大面积平板模板均属此类模板。

（5）混凝土模板。

对巨大厚重的结构，由结构本体的一部分，再配以钢筋形成的一次性模板，多用于水工结构、设备基础等。模板中配置的钢筋可以和结构统一使用，也可用于楼板体系，以叠合的形式形成一次性混凝土模板，也是楼板结构的一部分。

（6）土模板。

在地下水水位不高的硬塑黏性地层表面，经人工修挖，并抹以低强度等级水泥砂浆，形成的一次性凹性模板。多用于预制混凝土板、梁、柱构件。构件外表较粗糙，但经济效益较好。

（7）砖模板。

由低强度等级砂浆与红砖砌成的一次性模板，多用于沉井刃脚，与形状单一的就地生产的柱、梁构件的边模及底模

2. 模板按构件结构的类型分类

模板按构件结构的类型分类，可分为：基础模板、柱模板、楼板模板、墙模板、壳模板和烟囱模板等。

3. 按模板形式不同分类

按模板形式不同分类，可分为：组合式模板、工具式模板、胶合板模板、永久性模板等。

（1）组合式模板。

组合式模板包括：组合钢模板（55 型、中型）、钢框木（竹）胶合板模板。

（2）工具式模板。

工具式模板包括：大模板、滑动模板、爬升模板、飞模、模壳以及柱模等。

（3）胶合板模板。

胶合板模板包括：木胶合板模板、竹胶合板模板等。

（4）永久性模板。

永久性模板包括：压型钢板模板、混凝土涂板模板等。

4. 按模板工艺条件分类

（1）现浇混凝土模板。

根据混凝土结构形状不同就地形成的模板，多用于基础、梁、板等现浇混凝土工程。模板支承系多通过支于地面或基坑侧壁以及对拉的螺栓承受混凝土的竖向和侧向压力。这种模板适应性强，但周转较慢。

（2）预组装模板。

由定型模板分段预组成较大面积的模板及其支承体系，用起重设备吊运到混凝土浇筑位置。多用于大体积混凝土工程。

（3）大模板。

由固定单元形成的固定标准系列的模板，多用于高层建筑的墙板体系。用于平面楼板的大模板又称为飞模。

（4）爬升模板。

由两段以上固定形状的模板，通过埋设于混凝土中的固定件，形成模板支承条件承受混凝土施工荷载，当混凝土达到一定强度时，拆模上翻，形成新的模板体系。多用于变直径的双曲线冷却塔、水工结构以及设有滑升设备的高耸混凝土结构工程。

（5）水平滑动隧道模板。

由短段标准模板组成的整体模板，通过滑道或轨道支于地面、沿结构纵向平行移动的模板体系。多用于地下直行结构，如隧道、地沟、封闭顶面的混凝土结构。

（6）垂直滑动模板。

由小段固定形状的模板与提升设备，以及操作平台组成的可沿混凝土成型方向平行移动的模板体系。适用于高耸的框架、烟囱、圆形料仓等钢筋混凝土结构。根据提升设备的不同，又可分为液压滑模、螺旋丝杠滑模以及拉力滑模等。

二、钢筋混凝土结构简介

1. 钢筋混凝土结构特点

（1）钢筋混凝土结构的优点。

①钢筋混凝土结构与钢结构相比，钢筋混凝土结构的耐火性能较好，因为混凝土包裹着钢筋，混凝土的传热性能较差，在火灾中将对钢筋起着保护作用，所以使其不致很快达到软化温度而造成结构整体破坏。

②在钢筋混凝土结构中，尤其是现浇钢筋混凝土结构的整体性较好，其抵抗地震、振动以及强烈爆炸时冲击波作用的性能较好。

③由于新拌和的混凝土的可塑性较好，所以可根据需要浇制成各种形状和尺寸的结构。

④在钢筋混凝土结构中，混凝土的强度是随时间而不断增长的，同时，钢筋被混凝土所包裹而不致锈蚀，所以，钢筋混凝土结构的耐久性是很好的。此外，还可根据需要，配制具有不同性能的混凝土，以满足不同的耐久性要求。因此，钢筋混凝土结构

不像钢结构那样,需要经常性的保养和维修,其维修费用极少,几乎与石材相同。

⑤在钢筋混凝土结构所用的原材料中,砂、石所占的分量较大,而砂、石易于就地取材。在工业废料(如矿渣、粉煤灰等)比较多的地区,可将工业废料制成人造骨料(如陶粒),用于钢筋混凝土结构中,这不但可解决工业废料处理问题,还有利于环境保护,而且可减轻结构的自重。

⑥钢筋混凝土结构的刚性较大,在使用荷载下的变形较小,故可有效地应用于对变形要求较严格的建筑物中。

(2)钢筋混凝土结构的缺点。

①钢筋混凝土结构的截面尺寸一般较相应的钢结构大,因而自重较大,这对于大跨度结构、高层建筑结构以及抗震都是不利的。

②抗裂性能较差,在正常使用时往往是带裂缝工作的。

③建造耗工时较大,施工受气候条件的限制。

④现浇钢筋混凝土需耗用大量木材。

⑤隔热、隔声性能较差。

⑥修补或拆除较困难。

这些缺点在一定条件下限制了钢筋混凝土结构的应用范围。但是,随着钢筋混凝土结构的不断发展,这些缺点已经或正在逐步得到克服。例如,采用轻质高强混凝土以减轻结构自重;采用预应力混凝土以提高构件的抗裂性(同时也可减轻自重);采用预制装配结构或工业化的现浇施工方法以节约模板和加快施工速度。

2. 钢筋混凝土结构分类

(1)钢筋混凝土框架结构。

该结构是由混凝土梁和柱组成主要承重结构的体系。其优点是建筑平面布置灵活,可形成较大的空间,在公共建筑中应用较多。

框架有现浇和预制之分,现浇框架多用组合式定型钢模现场进行浇筑。为了加快施工进度,梁、柱模板可预先整体组装然后进行安装。预制装配式框架多由工厂预制,用塔式起重机(轨道式或爬升式)或自行式起重机(履带式、汽车式)进行安装。装配式柱子的接头,有榫式、插入式、浆锚式等,接头要能传递轴力、弯矩和剪力。柱与梁的接头,有明牛腿式、暗牛腿式、齿槽式、整浇式等。可做成刚接(承受剪力和弯矩),也司做成铰接(只承受垂直剪力)。装配式框架接头钢筋的焊接非常重要,要控制焊接变形和焊接应力。但框架结构属于柔性结构,其抵抗水平荷载的能力较弱,而且抗震性能差,因此其高度不宜过高,一般不宜超过 60m,且房屋高度与宽度之比不宜超过 5。混凝土框架结构见图 1-1(a)。

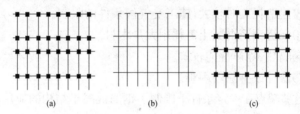

图 1-1　钢筋混凝土常规三大结构
(a)框架结构;(b)剪力墙结构;(c)框架剪力墙结构

(2)混凝土剪力墙结构。

该结构是利用建筑物的内墙和外墙构成剪力墙来抵抗水平力。这类结构开间小,墙体多,变化少,适于居住建筑和旅馆建筑。剪力墙一般为钢筋混凝土墙,厚度不小于 14cm。剪力墙结构可以采用大模板或滑升模板进行浇筑。这种体系的侧向刚度大,可以承受很大的水平荷载,也可承受很大的竖向荷载,但其主要荷载为水平荷载,高度不宜超过 150m。混凝土剪力墙结构见图 1-1(b)。

(3)混凝土框架-剪力墙结构。

剪力墙结构侧向刚度大,抵抗水平荷载的能力较大,但建筑布置不灵活,难以形成较大的空间;框架结构的建筑布置灵活,可形成大空间,但侧向刚度较差,抵抗水平荷载的能力较小。基于以上两种情况,将两者结合起来,取长补短,在框架的某些柱间布置剪力墙,与框架共同工作,这样就得到了一种承受水平荷载能力较大,建筑布置又较灵活的结构体系,即框架—剪力墙结构。在这种结构体系中,剪力墙可以是预制钢筋混凝土墙板,也可以是现浇钢筋混凝土墙板,还可以是钢桁架结构。这种结构的房屋高度一般不宜超过 120m,房屋的高宽比一般不宜超过 5。一般情况下,剪力墙如为现浇钢筋混凝土墙板,多用大模板或组合式钢模进行现场浇筑,框架部分以用组合式钢模板进行现场浇筑为宜。混凝土框架剪力墙结构见图 1-1(c)。

(4)混凝土板柱结构。

混凝土板柱结构是由混凝土柱和大型楼板构成主要承重结构的体系。通常可采用升板法施工,即先吊装柱,再浇筑室内地坪,然后以地坪为胎膜就地叠浇各层楼板和屋面板,待混凝土达到一定强度后,再在柱上安设提升机,以柱作为支承和导杆,当提升机不断沿着柱向上爬升时,即可通过吊杆将屋面板和各层楼板逐一交替地提升到设计标高,并加以固定。钢筋混凝土板柱结构见图 1-2。

(5)钢筋混凝土筒体结构。

该结构是由一个或几个筒体作为承重结构的高层建筑结构体系。水平荷载主要由筒体承受,具有很大的空间刚度和抗震能力。该体系还可分为核心筒体系(或称内筒体系)、框筒体系、

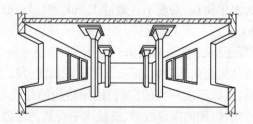

图1-2 钢筋混凝土板柱结构

筒中筒体系和成束筒体系。核心筒的内筒多为现浇的钢筋混凝土墙板结构,如高度很大用滑升模板施工较为适宜;筒中筒结构体系,如为钢筋混凝土结构,则建筑高度很大,用滑升模板施工是较好的施工方法。这种结构体系,建筑布置灵活,单位面积的结构材料消耗量少,是目前超高层建筑的主要结构体系之一。筒体结构见图1-3。

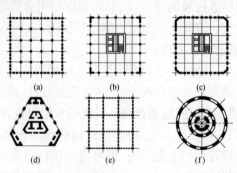

图1-3 筒体结构

(a)框筒;(b)筒体-框架;(c)筒中筒;(d)多筒体;(e)成束筒;(f)多重筒

(6)混凝土大跨度结构。

跨度较大的混凝土结构,如桥梁、高大空间建筑等,一般采用预应力混凝土结构形式。

(7)混凝土单层厂房结构。

混凝土单层厂房结构见图1-4。

①排架结构。厂房中除了基础是在现场浇筑之外,柱、吊车梁、连系梁、屋架及屋面系统等都采用预制装配。

②刚架结构。梁、柱均采用整体现浇。

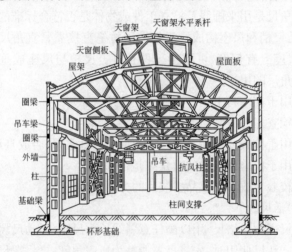

图 1-4 单层工业厂房的结构组成

三、模板施工机械机具

1. 量具、画线工具及画线要求

模板工要把木材、胶合板等制成一定形状、尺寸、比例的模板构件或制品,其第一道工序就是画线。常用画线工具有量尺、墨斗、勒子、角尺、划规、墨株等。

(1)量尺。

①直尺。画直线的尺子,标有刻度,刻度单位为 m、cm、mm。

②折尺。能折叠的尺子,刻度同直尺,携带和使用方便,故为模板制作安装中常用工具。

③钢卷尺(盒尺)。刻度清晰、标准,使用和携带方便,常用的长度有 1、2、3、10m 等。

(2)直角尺。

直角尺是用来画线及检查工件或物体是否符合标准的重要工具,由尺梢和尺座构成。尺梢需用竹笔直接靠紧直角尺进行画线,尺座上有刻度,可测量工件长度。尺梢与尺座成垂直角度。直角尺的用途:

①用于在木料上画垂直线或平行线。

②检查工件或制品表面是否平整。

③用于检查或校验木料相邻两面是否垂直,是否成直角。

④用于校验画线时的直角线是否垂直。

⑤校验半成品或成品拼装后的方正情况。

(3)活尺。

活尺也称活络尺,用以画任意斜线。由尺座、活动尺翼和螺栓组成。活尺使用时,先将尺翼调整为所需角度,再将螺母旋紧固定,然后把尺座紧贴木料的直边,沿尺翼画线。

(4)三角尺。

三角尺也称斜尺,是用不易变形的木料或金属片制成,由两条直角边和一条斜边组成的等腰三角形尺,是画 45°斜角结合线不可少的工具。使用时,将尺座靠于木料直边,沿尺翼斜边画斜线,也可沿直边画横线、平行线。

(5)画线笔。

画线笔有木工铅笔和竹笔两种。

①木工铅笔笔杆呈椭圆形,笔芯有黑、红、蓝等几种。画线时,将铅笔芯削成扁平形状,把铅芯紧靠在尺沿上顺画。

②竹笔,也称墨衬,在建筑施工时,制作木构件如门窗、屋架等和民用木工制作家具方面广泛使用。竹笔的制作材料是有韧性的,笔端宽 15～18mm,笔杆越来越窄,以手握合适为宜,长约 20cm。笔端削扁并呈约 40°的斜面,纵向切许多细口以便吸墨。笔端扁刃越薄,画线越细,切口越深,吸墨越多,使用时将笔蘸墨即可画线。

(6)墨斗。

用硬质木料凿削而成,也有用塑料、金属等材料的。前部是斗槽,后部是线轮、摇把和执手。斗槽内装满丝绵、棉花或海绵类吸墨材料,倒入适量墨汁,墨线一端在后部线轮上,另一端通过斗槽前后的穿线孔再与定钩连接好。使用时,定钩挂在木料前端,墨斗拉到木料后端,墨线虚悬于木料面上,左手拉紧并压住线索绳,右手垂直将墨线中部提起,松手回弹,即在木料上绷出墨线迹。

(7)墨株。

在较齐整的木料上需画大批纵向直线时,也可用固定墨株画线。

(8)划规。

也被称作圆规、划卡、划线规等,在钳工划线工作中可以划圆和圆弧、等分线、等分角度以及量取尺寸等,是用来确定轴及孔的中心位置、划平行线的基本工具。

(9)勒子。

有线勒子和榫勒子两种。勒子由勒子杆、勒子档和蝴蝶母组成。两种勒子使用方法相同,使用时,按需要尺寸调整好导杆及刀刃,把蝴蝶母拧紧,将档靠紧木料侧面,由前向后勒线。如果刨削木料,可用线勒子画出木料的大小基准线。榫勒子一次可画出两条平行线,在画榫头和榫眼的线时使用。

（10）画线要求与符号。

①画线的要求。下料画线时，必须留出加工余量和干缩量。锯口余量一般留 2～4mm，单面刨光余量为 3mm，双面刨光优质产品量为 5mm，木材应先经干燥处理后使用。如果下料后做干燥处理，则毛料尺寸应增加 4％的干缩量。画对向料的线时，必须把料合起来，相对地画线（即画对称线）。制品的结合处必须避开节子和裂纹，并把允许存在的缺陷放在隐蔽处或不易看到的地方。榫头和榫眼的纵向线，要用线勒子紧靠正面画线。画线时必须注意尺寸的精确度，一般画线后要经过校核才能进行加工。

②画线符号。即木料加工过程中使用的一种"语言"，为避免加工中出现差错，必须使用统一的符号。目前，画线符号标准在全国还不统一，各地使用符号各有差异。在建筑施工中使用的符号也有差异，因此，当共同工作时，必须要事先统一画线符号，以便能顺利地工作，相互之间密切配合。

2. 模板配制用手工工具及机械

（1）锛。

锛一般用于砍削较大木料的平面，是大木制作所用的工具，操作比较简单。

砍削木料时，一手在前，一手在后，握住锛把的后部，脚站在木料左（或右）侧，由木料的后端向前等距离断成断口，断砍到前端时，左（或右）脚在前，站稳在地面上，右脚略向后侧踏在木料上面，脚尖向右前，脚的内前侧脚掌略翘起，由木料的前端开始按已划好的线茬向后锛削。被砍削木料必须放置稳固，锛头的刃口必须锋利。锛刃砍进木料后，要将锛把稍加摇晃再起锛，防止木碴木片垫着刃口而发生滑移。

（2）斧子。

由钢制斧头和木把组成,分单刃斧和双刃斧两种,斧头重量约 1kg。单刃斧的刃在一侧,适合砍而不适合劈;双刃斧的刃在中间,砍劈均可。斧刃要保持锋利,钝斧砍削既影响质量又降低效率,且不安全。斧子的操作要点:

①下斧要准确,手要把握落斧方向和力度的大小,顺茬砍削。

②以墨线为准,留出刨光余量,不得砍到墨线以内。

③若必须砍削的部分较厚,则必须隔约 10cm 左右斜砍一斧,以便砍到切口时木片容易脱落掉。

④砍料遇到节子,若为短料应调头再砍;若为长料应从双面砍;若节子在板材中心时,应从节子中心向两边砍。节子较大时,可将节子砍碎再左右砍。如果节子坚硬,应选择锯掉而不宜硬砍。

⑤砍削软材,不要用力过猛,要轻砍细削,以免将木料顺纹撕裂。

⑥在地面砍削时,木料底部应垫木块,以防砍地而损坏斧刃。砍削木料时,应将其稳固在木马架上。

⑦斧把安装要牢固。砍削开始,落斧用力要轻、稳,逐渐加力,方向和位置把握要准确。

⑧平砍适用于砍较长板材的边棱。将木料固定放在工作台上,被砍面朝上,两手握斧把,一手在前一手在后,斧刃向侧下,顺木纹方向砍削,见图 1-5(a)。

⑨立砍适用于砍短料。将料垂立,左手握木料左上部,右手握斧把,由上向下沿画好的线顺茬砍削,见图 1-5(b)。

⑩斧刃的研磨。以双手食指和中指压住刃口部位,或一手握斧把,一手压刃口,紧贴磨石向前推为研磨行程,刃口斜面要始终贴在磨石面上。向后拉为空程,要轻带,斧刃与磨石的角度要保持一致,切勿翘起。当刃口磨得发青、平整、平直时,则表示已研磨锋利,一般常用拇指横着斧刃试之。

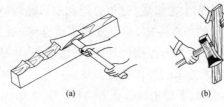

图 1-5　砍削方法

(a)平砍;(b)立砍

（3）手工锯类。

常用的锯有框锯、刀锯、手锯、侧锯、钢丝锯、横锯、板锯等多种。较常用的有框锯和刀锯两种。

①框锯。框锯也称拐子锯,由锯拐、锯梁和锯条、锯绳（钢串杆）、锯标组成。锯拐一端装麻绳,用锯标绞紧（装钢串杆,用蝴蝶螺母旋紧）,见图 1-6。框锯又分为截锯、顺锯和穴锯。

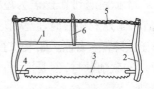

图 1-6　框锯

1—锯梁;2—锯拐;3—锯条;
4—锯钮;5—锯绳;6—锯标

a. 截锯:也称横向锯,用于垂直木纹方向的锯割。锯条尺寸略短,齿较密。锯齿刃为刀刃型,前刃角度小,锯齿应拨成左、右料路。

b. 顺锯:也称纵向锯,用于顺木纹纵向锯割。锯条较宽,便于直线导向,锯路不易跑弯。锯齿前刃角度较大,拨齿为左、中、右、中料路。

c. 穴锯:也称曲线锯,适用于锯割内外曲线或弧线工件。锯条长度为 600mm 左右,锯条较窄,料度较大,前刃角介于截锯和顺锯中间,拨齿为左、中、右料路。

框锯操作方法:首先把锯条方向调整好,使整个锯条调到一个平面上,然后绷紧锯绳(钢串杆)即可。

②刀锯。刀锯有双刃刀锯、夹背刀锯、鱼头刀锯等。刀锯由锯片、锯把组成,见图1-7。刀锯携带方便,适用于框锯使用不便的地方。

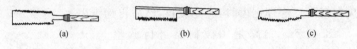

(a)　　　　　　　　(b)　　　　　　　　(c)

图 1-7　刀锯

(a)双刃刀锯;(b)夹背刀锯;(c)鱼头刀锯

③钢丝锯和侧锯的构造。见图 1-8,侧锯为刹肩等细部所用;钢丝锯为锯割半径较小的圆弧等所用。

(a)　　　　　　　　　　　　　　(b)

图 1-8　钢丝锯和侧锯

(a)钢丝锯;(b)侧锯

④锯的使用要点。锯割时,把木料放在工作台上,用脚踏牢。下锯时,右手紧握锯拐,锯齿向下,左手大拇指靠住线的端头处,右手把锯齿挨住左手大拇指,轻轻推拉几下(预防跳锯伤手)。当木料棱角处出现锯口后,左手离开,可加大锯割的速度,两手握锯或右手握锯、左手扶料进行锯割。

锯割时,推锯用力要重,锯回拉时用力要轻;锯路沿墨线走,不要跑偏;锯割速度要均匀、有节奏;尽量加大推拉距离,锯的上部向后倾斜,使锯条与料面的夹角大约呈 70°。

当锯到料的末端时,要放慢锯速,并用左手拿住要锯掉的部分,以防木料撕裂,或将木料调头锯割。

横截木料时,左脚踏木料,身体与木料呈 90°角。顺截木料时,用右脚踏木料,身体与木料呈 60°角。

⑤锯的维修保养。锯在使用中,若锯齿不锋利,就会感到进锯慢而又费力,表明需要锉伐锯齿;若感到夹锯,则表明锯的料度因受摩擦而减小;若总是向一侧跑锯,表明料度不均,应进行拨料修理。修理锯齿时,应先拨料,然后再锉锯齿。

a.拨料。料路是用拨料器进行调整的,见图1-9。

拨料时,将拨料器的槽口卡住锯齿,用力向左或向右拨开,拨开程度要符合料度要求。

图 1-9　拨料器

b.锉伐。锉伐锯齿时,把锯条卡在木桩顶上或三脚凳端部预先锯好的锯缝内,使锯齿露出。根据锯齿大小,用 100～200mm 长的三角钢锉或刀锉,从右向左逐齿锉伐。锉锯时,两手用力要均匀,锉的一面要垂直地紧贴邻齿的后面。向前推时要使锉用力磨齿,锉出钢屑,回拉时只轻轻拖过,轻抬锉面,见图1-10。常用的钢锉有三种:平锉、刀锉和三棱锉。

锉伐刀锯时,要先钉一个锯夹。锯夹由两块木板、一块固定夹木、一块活动夹木组成。使用时将活动夹木取出,使锯夹上口张开,把锯板嵌入锯夹内,露出锯齿,再用活动夹板在锯夹下端楔紧固定,见图1-11。

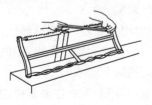

图 1-10　伐锯姿势

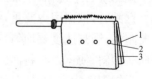

图 1-11　锯夹

1—固定夹木;2—螺栓;3—活动夹木

　　锉锯分描尖和掏膛两种。描尖是把磨钝的锯齿尖端锉削锋利,掏膛是在锯齿被磨短而影响排屑时才需要。掏膛是用刀锉的边棱按锯齿的长度,使两锯齿之间锯槽加深。

　　锉锯的操作方法:把锯身固定在锯夹或三脚马凳上,用右手握住锉把,左手拇、食指和中指捏住锉的前端,适当加压力向前推锉,以锉出钢屑为宜,回锉时不加压力,轻抬而过即可。

　　对锉伐后的锯齿要求是:锯齿尖高低要一致,在同一直线上,不得有参差不齐现象;锯齿的大小相等,间距均匀一致;锯齿的角度要正确,符合齿形状的要求。每个锯齿都应有棱有角,刃尖锋利。

　　(4)锯割类机械。

　　锯割机械是用来纵向或横向锯割原木或方木的加工机械,一般常用的有带锯机、吊截锯机、手推电锯或圆锯机(圆盘锯)等。这里主要介绍圆锯机的使用与维修。

　　圆锯机主要用于纵向锯割木材,也可配合带锯机锯割板方材,是建筑工地或小型构件厂应用较广的一种机械。

　　①圆锯机的构造。圆锯机由机架、台面、电动机、锯比、防护罩等组成,见图 1-12。

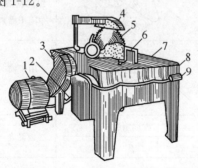

图 1-12　手动进料圆锯机

1—电动机;2—开关盒;3—皮带罩;4—防护罩;
5—锯片;6—锯齿;7—台面;8—机架;9—双联按钮

　　锯片的规格一般以锯片的直径、中心孔直径或锯片的厚度为基数。

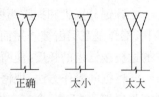

正确　　　太小　　　太大

图 1-13　锯齿的拨料

　　②圆锯片。圆锯机所用的圆锯片两面是平直的,锯齿经过拨料,用来作纵向锯割或横向截断板、方材及原木,是广泛采用的一种锯片。

　　③圆锯片的齿形与拨料。锯齿的拨料是将相邻各齿的上部互相向左右拨弯,见图 1-13。

　　圆锯片锯齿形状与锯割木材的软硬、进料速度、光洁度及纵割或横割等有密切关系。常用的几种齿形或齿形角度、齿高及齿距等有关数据见表 1-1。

表 1-1　　　　　　　　　　　　　　齿高及齿距

锯片名称	类型	简图	用途	特征
圆锯片齿形	纵割锯	纵割齿	主要用于纵向锯割,亦用于横割	以纵割为主,但亦可横割,齿形应用较广泛
	横割锯	横割齿	用于横向锯割	锯割时速度较纵向慢,但较光洁

圆锯片齿形角度	锯割方法	齿形角度			齿高 h	齿距 t	槽底圆弧半径 r
		α	β	γ			
	纵割	$30°\sim35°$	$35°\sim45°$	$15°\sim20°$	$(0.5\sim0.7)t$	$(8\sim14)s$	$0.2t$
	横割	$35°\sim45°$	$45°\sim55°$	$5°\sim10°$	$(0.9\sim1.2)t$	$(7\sim10)s$	$0.2t$

　　注:表中 s 为锯片厚度。

正确拨料的基本要求如下：

a. 所有锯齿的每边拨料量都应相等。

b. 锯齿的弯折处不可在齿的根部，而应在齿高的一半以上处，厚锯约为齿高的 1/3，薄锯为齿高的 1/4。弯折线应向锯齿的前面稍微倾斜，所有锯齿的弯折线锯齿尖的距离都应当相等。

c. 拨料大小应与工作条件相适应，每一边的拨料量一般为 0.2～0.8mm，约等于锯片厚度的 1.4～1.9 倍，最大不应超过 2 倍。软料湿材取较大值，硬材与干材取较小值。

d. 锯齿拨料一般采用机械和手工两种方法，目前多以手工拨料为主，即用拨料器或锤打的方法进行。

④圆锯机的基本操作。

a. 操作前应检查锯片有无断齿或裂纹现象，然后安装锯片，并装好防护罩和安全装置。

b. 安装锯片应与主轴同心，其内孔与轴的间隙不应大于 0.15～0.2mm，否则会产生离心惯性力，使锯片在旋转中摆动。法兰盘的夹紧面必须平整，要严格垂直于主轴的旋转中心，同时保持锯片安装牢固。

c. 先检查被锯割的木材表面或裂缝中是否有钉子或石子等坚硬物，以免损伤锯齿，甚至发生伤人事故。操作时应站在锯片稍左的位置，不应与锯片站在同一直线上，以免木料弹出伤人。

d. 送料不要用力过猛，木料应端平，不要摆动或抬高、压低。锯到木节处要放慢速度，并应注意防止木节弹出伤人。

e. 纵向破料时，木料要紧靠锯比，不得偏歪；横向截料时，要对准锯料线，端头要锯平齐。木料锯到尽头，不得用手推按，以防锯伤手指。如系两人操作，下手应待木料出锯台后，方可接位。木料卡住锯片时应立即停车，再做处理。

f. 锯短料时，必须用推杆送料，以确保安全。锯台上的碎屑、锯末，应用木棒或其他工具待停机后清理。

g. 锯割作业完成后要及时关闭电门，拔去插头，切断电源，确保安全。

（5）刨削类工具。

刨子是模板加工的重要工具，它可以把木料等刨成光滑的平面、圆面、凸形、凹形等各种形状的面。所以，熟悉各种刨子的构造，掌握其使用方法，是木料加工的重要基本功。刨子的种类很多，按用途分为平刨、槽刨、圆刨、弯刨等。

①平刨。平刨是木料加工使用最多的一种刨，主要用来刨削木料的平面。按用途平刨可分为荒刨、长刨、大平刨、净刨。它们构造相同，差异主要在长度上。

a. 荒刨。又称二刨，长度为 200～250mm，主要刨削木料的粗糙面。

b. 长刨。又称大刨，长度为 450～500mm，经长刨刨削后的木料较为平直。

c. 大平刨。又称邦克，长度为 600mm 左右，因刨床较长，用于木材加宽的刨削拼缝。

d. 净刨。又称光刨，长度为 150～180mm，用于木制品最后的细致刨削，加工后的木料表面平整光滑。平刨主要由刨床、刨刃、刨楔、盖铁、刨把组成，见图 1-14。

刨床用耐磨的硬木制成，宽度比刨刃约宽 16mm，厚度一般为 40～45mm。为防止刨床翘曲变形，要选择纹理通直，经过干燥处理的木料制作。刨床上面开有刨刃槽，槽内横装一根横梁。也可将刨刃槽前部开成燕尾形，将刨刃等卡在刨口，刨床底面有刨口，刨刃嵌入后，刃口与刨口的空隙要适当，一般长刨和净刨间隙不大于 1mm，荒刨不小于 1mm。

刨刃宽度为 25～64mm，最常用的是 44mm 和 51mm 两种。

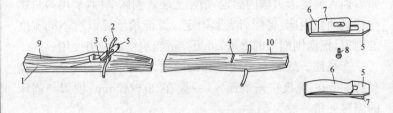

图 1-14 平刨

1—刨床；2—刨把；3—刨羽；4—刨口；5—刨刃；
6—盖铁；7—刨楔；8—螺钉；9—刨背；10—刨底

刨刃装入刨床内与刨腹的夹角视用途而定，长刨约 45°，荒刨约
42°，净刨约 51°。

刨把用硬木制成，可做成椭圆断面形状。刨把整个形状可
做成燕翅形，其安装方式有三种：用螺钉固定；卡入刨刃后面的
槽内；将刨把穿入刨床上。

②槽刨。槽刨是供刨削凹槽用的。有固定槽刨和万能槽刨
两种，见图 1-15。

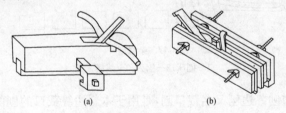

(a) (b)

图 1-15 槽刨

(a)固定槽刨；(b)万能槽刨

常用槽刨的刨刃规格为 3～15mm，使用时应根据需要选用
适当的规格。万能槽刨由两块 4mm 厚的铁板将两侧刨床用螺
栓结合在一起，在两侧铁板上锉有斜刃槽、槽刨刃槽。使用时将

斜刃插入燕尾形刃槽内固定,槽刨刃装入刨床槽内,利用两只螺栓拧紧两侧刨床,将刨刃夹紧固定。万能槽刨可以有不同宽度的刨刃,根据刨削槽的宽度,可更换适当规格的刨刃使用。

③线刨。线刨有单线刨和杂线刨,刨床长度约 200mm,高度约 50mm,宽度按需要而定,一般在 20～40mm,刨刃与刨床的刨腹夹角一般为 51°左右。

a. 单线刨。能加宽槽的侧面和底面,能清除槽的线脚,也可单独打槽、裁口和起线。单线刨构造简单,见图 1-16。刨刃的宽度不宜超过 20mm。

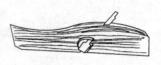

图 1-16 单线刨

b. 杂线刨。杂线刨有较多线刨,主要用于木装饰线的刨削,如门窗、家具和其他木制品的装饰线,也可刨制各种木线。杂线刨形状很多,仅列出几种供参考,见图1-17。

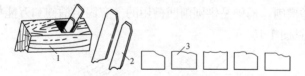

图 1-17 杂线刨

1—刨床;2—刨刃;3—线模

④边刨。边刨又名裁口刨,是用于木料边缘裁口的刨削,见图 1-18。

⑤轴刨。轴刨又称蝙蝠刨,轴刨有铁制和木制,刨身短小,刨刃可用螺栓固定在刨床上,适合于刨削小木料的弯曲部分。刨削时用身体抵住木料后进行刨削。

铁刨有平底、圆底和双弧圆底等几种。平底刨用以刨削外圆弧;圆底刨用来刨削内圆弧;双弧圆底刨用以刨削双弧面的木料,见图1-19。

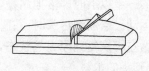

图 1-18　边刨

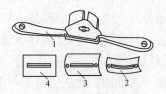

图 1-19　轴刨

1—铁柄;2—双圆弧底刨:

3—圆底刨;4—平底刨

⑥推刨子的要领。使用刨子需注意三法,即步法、手法、眼法,这三法是推刨的基本功。

a.步法。原地推刨时,身体一般站在工作台的左边,左脚在前,右脚在后,左腿成弓步,右腿成箭步,两手端刨,用力向前推,身体向前压。若木料较长时,就需要走动,走动的基本步法为提步法、踮步法、跨步法和行走法四种,见图1-20。

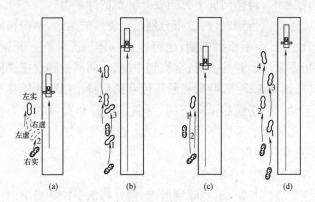

图 1-20　推刨步法

(a)提步法;(b)踮步法;(c)跨步法;(d)行走法

提步法是在原地运动。开始推刨时,左脚提起,右脚站定,并用力向前蹬,当左脚移到木料长度的一半以上时即落地站稳,此时右脚快速蹬地,使身体继续向前运动。当刨到尽头时,右脚复原位,左脚稍向后蹬,待身体平稳后,左脚恢复到原提起状态,以便再次推刨。此法适用于一次能刨到头的木料。

踮步法是冲刺式向前运动。在原地推刨姿势的基础上,先以右脚接近左脚跟站稳,这时左脚迅速跨前一步,落地站稳后,右脚再靠近左脚跟站稳,左脚再迅速向前跨一步。此法适用于长刨刨长料。

跨步法是以左脚为定点,右脚向左脚前跨一步,当刨推到头时,右脚马上向后蹬,引到原位,此法适用于一刨推到头的起线、裁口等工作。

行走法是以走路的方式推刨前进。即右脚跨过左脚落地站定时,左脚向前走一步,以此类推。此法适用于刨长线、长槽、长缝等,推刨时,身体向前下方向要有一定的冲刺力。

b. 手法。推刨时,两食指分别压在刨膛的两边,两拇指同压在刨背上,其余手指握刨柄,也可根据具体情况掌握。开刨时,两食指要紧压刨背的前身;推刨到中间时,两拇指和食指要同时用力;推刨到末端头,两拇指紧压刨背的后身。刨腹要始终平贴材面运动。两手腕尽量向下压,手腕、肘、臂和身体的力要全部集中于刨床上。手腕不可高吊,以防遇到节子逆伤手指。刨削时,手是掌握刨削方向、位置及平稳的,刨推的力量主要靠身体运动,特别是腰力在刨推中起决定性的作用。

刨推应拉长距,不要碎刨短推,最好将刨子拉到身后向前长推。每刨一块料,都要先用短手刨净,用长手推刨。两相接处要先轻后重,逐渐加大压力,两刨衔接处不留刨痕,推刨时要养成直推习惯,以防斜推木料翘曲,见图 1-21。

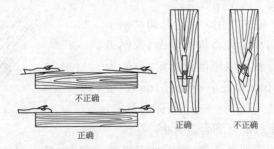

图 1-21　推刨要领正确手法参照图

在刨削倒棱、断面时,一般采用单手推刨。单手推刨有两种方法,见图 1-22。刨削断面时要先刨斜一面,然后再翻面刨削,防止戗劈。

图 1-22　单手推刨

c. 眼法。木料刨削后是否方正平直,木板拼粘后有无缝隙,是衡量木料加工刨削水平和眼力的重要标准。用眼力测定木料的方法一般有两种:一是站在料旁,以看平面的纵长线为标准,看对面边线是否与其重合,若重合则表示材面平直,否则表示不平直;二是站在料的端部,以所看平面的横端线和身边的两角为标准,看另一头的两角和端部是否平直,来判断和测定材面是否平直。看料一般用右眼顺光看,但也要练习背光看。看料方法见图 1-23。

⑦刨子的使用要点。

a. 平刨的使用。无论是何种刨子在使用前都要先将刨刃量调好,刨刃露出刨身量应以刨削量而定,一般为 0.1~0.5mm,最多不超过 1mm。粗刨大一些,细刨小一些。若露出量大,可轻刨床后部直到合适为止。

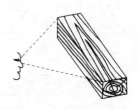

图 1-23　看料方法

在开始刨料之前,应对材面进行选择,先看木料的平直程度,再识别是心材还是边材,是顺纹还是逆纹。一般应选比较洁净、纹理清楚的心材作正面,先刨心材面,再刨其他面,要顺纹刨削,既省力又使刨削面平整、光滑。

第一个面刨好后,用眼检查材面是否平直,确认无误后,再刨相邻的侧面。该面刨好后应用线勒子画出所需刨材面的宽度线和厚度线,依线再刨其他面,并检查其刨好后的平直和垂直程度。

b. 线刨、边刨的使用。在使用前首先要调整好刨刃的露出量。这两种刨的操作方法基本相似,用右手拿刨,左手扶料。刨削时应先从离木料前端约 200mm 处向前刨削,然后再后退一定距离向前刨。依此方法,一直刨到后端。最后再从后端一直刨到前端,使线条深浅一致。

c. 槽刨的使用。使用前先调整刨刃的露出量及挡板与刨刃的位置,以右手拿刨,左手扶料,先从木料后半部向前端刨削,然后逐渐从前半部开始刨削。如果是带刨把的槽刨,应将木料固定后,双手握刨,从木料的前半部向前刨,逐步后退到木料末端刨完为止。

开刨时要轻,待刨出凹槽后再适当增加力量,直到最后刨出深浅一致的凹槽。

d.轴刨的使用。先将木料稳固住,调整好刨刃,两手握刨把,刨底紧贴材面,均匀用力向前推刨。轴刨一般是刨削曲线部分,在刨削中,常遇戗茬,为使刨削面光滑,可调刨头后两手向后拉刨。

⑧刨刃的研磨。刨刃用久后,刃口就会变钝,刨削效率降低而且费力,同时也刨不出平整光滑的表面,因此需要磨刃。

磨刃所用磨石,有粗磨石和细磨石。一般先用粗磨石磨刨刃的缺口或平刃口的斜面,再用细磨石把刃口研磨锋利。

研磨时,先在粗磨石面上洒水,用右手捏住刨刃上部,食指、中指(亦可只用食指)压在刨刃上面,左手食指和中指也压在刨刃上,使刃口斜面紧贴磨石面,前后推磨,见图1-24。刨刃锋口磨得极薄时再换细磨石研磨,当锋刃磨到稍向正面倒卷时,可把刨刃正面贴到磨石上横磨,直到反复磨至刃锋锋利为止。

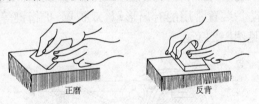

正磨　　　　　反背

图 1-24　刨刃的研磨

(6)刨削类机械。

刨削机械主要有压刨机、平刨机和四面刨床等,这里主要介绍平刨机。

平刨机主要用途是刨削厚度不同等木料表面,平刨经过调整导板,更换刀具,加设模具后,也可用于刨削斜面和曲面,是施工现场用得比较广的一种刨削机械。

①平刨机的构造。平刨又名手压刨,主要由机座、前后台面、刀轴、导板、台面升降机构、防护罩、电动机等组成,见图1-25。

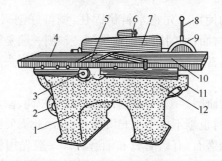

图 1-25　平刨机

1—机座；2—电动机；3—刀轴轴承座；4—工作台面；
5—扇形防护罩；6—导板支架；7—导板；8—前台面调整手柄；
9—刻度盘；10—工作台面；11—电钮；12—偏心轴架护罩

②平刨机安全防护装置。平刨机是用手推工件前进，为了防止操作中伤手，必须装有安全防护装置，确保操作安全。平刨机的安全防护装置常用的有扇形罩、双护罩、护指键等，平刨机的双护罩见图 1-26。

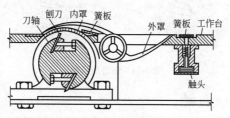

图 1-26　双护罩

③刨刀。刨刀有两种：一是有孔槽的厚刨刀；一是无孔槽的薄刨刀。厚刨刀用于方刀轴及带弓形盖的圆刀轴；薄刨刀用于带楔形压条的圆刀轴。常用刨刀尺寸：长度 200～600mm，厚刨刀厚度 7～9mm，薄刨刀厚度 3～4mm。

刨刀变钝一般使用砂轮磨刀机修磨。刨刀的磨修要求达到刨削锋利、角度正确、刃口成直线等。刃口角度:刨软木为 35°～37°,刨硬木为 37°～40°。斜度允许误差为0.02%。修磨时在刨刀的全长上,压力应均匀一致,不宜过重,每次行程磨去的厚度不宜超过 0.015mm,刃口形成时适当减慢速度。磨修时要防止刨刀过热退火,无冷却装置的应用冷水浇注退热。操作人员应站在砂轮旋转方向的侧边,以防止砂轮破碎飞出伤人。

为保证刨削木料的质量,需要精确地调整刀刃装置,使各刀刃离转动中心的距离一致。刀刃的位置,一般用平直的木条来检验,将刨刀装在刀轴上后,用木条的纵向放在后台面上伸出刨口,木条端头与刀轴的垂直中心线相交,然后转动刀轴,沿刨刀全长取两头及中间做三点检验,看其伸出量是否一致。

④平刨的操作。

a. 操作前,应全面检查机械各部件及安全装置是否有松动或失灵现象,如有问题,应修理后使用。

b. 检查刨刃锋利程度,调整刨刃吃刀深度,经过试车 1～3min 后,没有问题才能正式操作。吃刀深度一般调为1～2mm。

c. 操作时,人要站在工作台的左侧中间,左脚在前,右脚在后,左手压住木料,右手均匀推送,见图 1-27。当右手离刨口150mm 时即应脱离料面,靠左手用推棒推送。

d. 刨削时,先刨大面,后刨小面;木料退回时,不要使木料碰到刨刃。遇到节子、戗槎、纹理不顺时,推送速度要慢,必须思想集中。

e. 刨削较短、较薄的木料时,应用推棍、推板推送,见图 1-28。长度不足 400mm 或薄且窄的小料,不要在平刨上刨削,以免发生伤手事故。

f. 两人同时操作时,要互相配合,木料过刨刃 300mm 后,下手方可接拉。操作人员衣袖要扎紧,不得戴手套。

g. 平刨机发生故障,应切断电源后再仔细检查,及时处理,要做到勤检查、勤保养、勤维修。

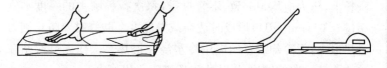

图1-27　刨料手势　　　　　　　图1-28　推棍与推板

(7)凿孔类工具。

凿子可分为平凿、圆凿和斜凿,见图1-29。一般最常用的是平凿。平凿有窄刃和宽刃两种。

①窄刃凿。是凿眼的专用工具。其宽度规格有 3、5、6.5、8、9.5、12.5、16mm 等,刃口角度为 30°左右。凿宽即为所加工的榫眼之宽度。由于窄凿很厚,所以凿深眼撬屑时不易折弯折断。

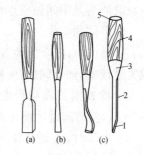

②宽刃凿。也称薄凿或铲,主要用以铲削,如铲棱角、修表面等。其宽度一般在 20mm 以上,刃口角度为 15°~20°。由于凿身较薄,故不宜凿削使用。

图1-29　凿子
(a)平凿;(b)圆凿;(c)反口圆凿
1—凿刃;2—凿身;3—凿库;
4—凿柄;5—凿箍

③凿子的使用方法。凿眼前,先将已划好榫眼墨线的木料放置于工作台上。凿孔时,左手握凿(刃口向内),右手握斧敲击,从榫孔的近端 1 逐渐向远端 2 凿削,先从榫孔后部下凿,以斧击凿顶,使凿刃切入木料内,然后拔出凿子,依次向前移动凿削。一直凿到前边墨线 3,最后再将凿面反转过来凿削孔的后边 4,见图1-30。

　　另外,还有一种下凿顺序是先从孔的后部(近身)下凿,凿斜面向后,第 2、3 凿翻转凿面亦是斜向下凿,第 4、5 凿均为下直凿做两端收口,见图 1-31。

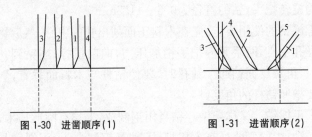

图 1-30　进凿顺序(1)　　　　　　　图 1-31　进凿顺序(2)

　　凿完一面之后,将木料翻过来,按以上的方式凿削另一面。当孔凿透以后,须用顶凿将木屑顶出来。如果没有顶凿,可以用木条或其他工具将孔内的木屑顶出来,凿孔方法和铲削方法见图 1-32。

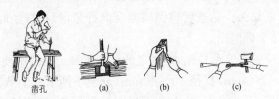

凿孔　　　　(a)　　　　(b)　　　　(c)

图 1-32　凿孔和铲削方法
(a)单手垂直铲削;(b)单手平行铲削;(c)双手平行铲削

　　④凿刃的研磨。凿子长时间使用,刃口就会变钝,严重时会出现缺口或断裂。若出现缺口或刃口开裂,则必须先在砂轮机或油石上磨锐。凿子的研磨方法与刨刃的研磨大致相似。凿子不可在磨石中间研磨,以防磨石中间出现凹沟现象。

　　(8)钻孔类工具。

　　钻是模板加工钻孔的工具,常用的有螺旋钻、手摇钻和牵钻。

①螺旋钻。又称麻花钻。钻杆长度为 500～600mm,用优质钢制成,钻杆前段成螺旋状,端头呈螺钉状,钻杆上端另穿木柄作为旋转把手,钻的直径为6.5～44.5mm。

螺旋钻的使用要点:先在木料正面划出孔的中心,然后将钻头对准孔中心,两手紧握把手稍加压力,向前扭拧;当钻到孔的一半时,再从反面钻通。钻孔时,要使钻杆与木料面垂直,斜向钻孔要把握钻杆的角度。

②手摇钻。又称摇钻。钻身用钢制成,上端有圆形顶木,可自由转动;中段弯曲处有木摇把;下端是钢制夹头,用螺纹与钻身连接,夹头内有钢制夹簧,可夹持各种规格的铀头。

手摇钻的使用要点:左手握住顶木,右手将钻头对准孔中心,然后左手用力压顶木,右手摇动摇把,按顺时针方向旋转,钻头即钻入木料内。钻孔时要使钻头与木料面垂直,不要左右摆,防止折断钻头。钻透后将倒顺器反向拧紧,摇把按逆时针方向旋转,钻头即退出。

③牵钻。又称拉钻,是古老的钻孔工具。钻杆用硬木制成,长 400～500mm,直径 30～40mm,分上下两节。上节为握把,呈套筒形;下节有卡头,卡头内呈方锥形深孔,可装钻头。在钻杆上部绕上皮索与拉杆相连,推拉拉杆,即可反复旋转。此钻的钻力较小,只适用于钻直径 2～8mm 的小孔。

牵钻的使用要点:左手握把,钻头对准孔中心,右手握住拉杆水平推拉,使钻杆旋转,钻头即钻入木料内。钻孔时,要保持钻杆与木料面的垂直,不得倾斜。

(9)常用轻便机具。

轻便机具用以代替手工工具,用电或压缩空气作动力,可以减轻劳动强度,加快施工进度,保证工程质量。轻便机具总的特点是:质量轻、大部分机具单手自由操作;体积小,便于携带与灵活运用;工效快,与手工工具相比,具有明显的优势。常用的有手锯、手电刨、钻、电动起子机、电动砂光机等,本书以锯为例。

①电动曲线锯。又称反复锯,分水平和垂直曲线锯两种,见图 1-33。

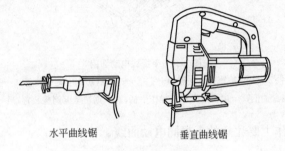

水平曲线锯　　　　　　　　　　　垂直曲线锯

图 1-33　电动曲线锯

对不同材料,应选用不同的锯条,中、粗齿锯条适用于锯割木材;中齿锯条适用于锯割有色金属板、压层板;细齿锯条适用于锯割钢板。

曲线锯可以用作中心切割(如开孔)、直线切割、圆形或弧形切割。为了切割准确,要始终保持和体底面与工件成直角。

操作中不能强制推动锯条前进,不要弯折锯片,使用中不要覆盖排气孔,不要在开动中更换零件、润滑或调节速度等。操作时人体与锯条要保持一定的距离,运动部件未完全停下时不要把机体放倒。

对曲线锯要注意经常维护保养,要使用与金属铭牌上相同的电压。

②手提式电动圆锯。手提式电动圆锯见图 1-34。

手提式电锯的锯片有圆形的钢锯片和砂轮锯片两种。钢锯片多用于锯割木材,砂轮锯片用于锯割铝、铝合金、钢铁等。

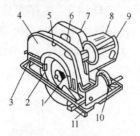

图 1-34　手提式电动圆锯

1—锯片;2—安全护罩;3—底架;4—上罩壳;5—锯切深度调整装置;6—开关;

7—接线盒手柄;8—电机罩壳;9—操作手柄;10—锯切角度调整装置;11—靠山

操作中要注意的事项同电动曲线锯。

3. 模板安装施工机械机具

(1)模板垂直运输设备。

垂直运输设备要依据建筑物的高度、外形及最大构件或模板的重量来选择,而垂直运输设备的数量则取决于流水段的大小、数量及施工进度的要求。主要用于大模板的吊装,常用的有塔式起重机。塔式起重机的选用,参见表1-2。

表1-2　　　　　　　　　塔式起重机选型参考表

机型	起重能力 /(kN·m)	起重量 /t	起重半径 /m	提升高度 /m	适用范围	
					单件质量/t	层数
QT-6	400	2 3 6	20 15 8.5	26.4 36.2 40.1	3	12层以内
QT60/80	600	2.8 6	25 10	47 60	5	16层以内

续表

机型	起重能力 /(kN·m)	起重量 /t	起重半径 /m	提升高度 /m	适用范围	
					单件质量/t	层数
QT-80	800	1.23 6	35 14.2	70(附着) 100(内爬)	5	24 层以内
QT-80A	1000	1.8 9	40 11.1	70(附着) 100(内爬)	8	24 层以内

在大模板结构工程施工中,由于全部吊运量主要依靠塔式起重机来完成,因此,塔式起重机的台班吊次是决定结构施工工期的主要因素,必须进行认真的核算和规划。以每个流水段 5 条轴线配备 1 台塔式起重机,其吊次和劳动力的配备,参见表 1-3。

表 1-3 塔式起重机吊次参考表

工程类别		分 别 吊 次							
		钢筋	模板	外墙板 (外砖)	混凝土	楼板	隔墙	其他	合计
内浇外砌		4	30	33	35	23	16	46	187
内浇外板		2~3	36~38	10~14	35~44	45	10~12	10~15	148~171
全现浇		4~6	44~50	—	46~58	45	10~12	10~15	159~186
大开间	普通外墙板	4~6	22	14	45	18	6~14	10~15	119~134
	岩棉复合外墙板	4~6	16~18	8	45~55			10~15	83~102

注:1. 墙体钢筋为点焊网片,集中吊运,人工分散就位;

2. 模板基本不落地,但其中一部分须吊离墙体清理和涂刷隔离剂,然后才能就位,故模板吊次系按模板数乘以 1.5 倍计算;

3. 模板包括门口模板的和小角模堵头模等;

4. 混凝土料斗容量以 0.8~1.0m³ 计;

5. 楼板按 90~120cm 宽的标准预制楼板,阳台按整阳台计算吊次;

6. 其他包括门窗口扇、水电设备材料等。

在高层建筑施工中,为了使施工人员上下方便,最好在建筑物侧端安装外用施工电梯,电梯的位置应事先结合装修施工的需要考虑,做到人货两用。

(2)模板安装常用机具。

①手电钻。主要用途是在建筑上用来在钢材、铝材、木材、墙上钻孔。现场无电源或离电源较远时可用充电电钻,狭窄处可用角电钻,手电钻外形和规格见图 1-35 和表 1-4 所示。

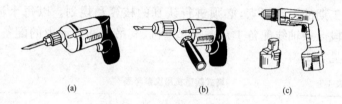

(a)   (b)   (c)

图 1-35 手电钻
(a)小型手电钻;(b)大型手电钻;(c)充电式手电钻

表 1-4　　　　　　　　　　　规格(以加工钢材为例)

	最大钻孔/mm	6	6	6	10	10	13	19	23
手电钻	额定电压/V	36	110	220(单相)					
	额定功率/W	190	190	220~250	325~270	431	390~460	640~740	1000
	最大钻孔/mm		13.0		19.0	23.0	32.0	38	49
	额定电压/V	380(三相)							
	额定功率/W		270		400	500	800/900	870	890
充电电钻		最大钻孔/mm	10		10		充电角电钻		10
		充电时间/h	1		1				1
		额定电压/V	7.2		9.6				7.2

②冲击电钻。主要用途是在混凝土等脆性材料及结构上钻孔,一般在混凝土上钻孔直径在 30mm 以下(图 1-36、图 1-37 和表 1-5)。

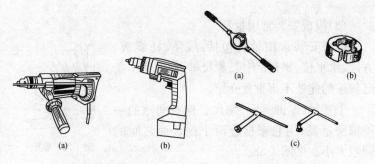

图 1-36　冲击电钻
(a)冲击电钻;
(b)充电式冲击电钻

图 1-37　套丝板
(a)圆板牙扳手;(b)圆板牙;
(c)特殊套扳手

表 1-5　　　　　　　　　　　冲击钻规格

国产冲击钻	钻孔直径 /mm	钢	6	10	13	13	进口产品	10	13	13	16
		混凝土	10	16	16	18		10	11	20	20
	额定电压 /V		220			380		220			
进口充电式冲击钻	钻孔直径 /mm	钢	10				10			10	
		混凝土	10				10			10	
	额定电压/V		9.6				12			12	

③扳手。扳手的作用是用于安装拆卸四方头和六方头螺栓及螺母、活接头、阀门、根母等零件和管件,包括活扳手、呆扳手、梅花扳手、套筒扳手等。活扳手的开口大小是可以调整的;呆扳手、梅花扳手、套筒扳手的开口不能进行调节,其中梅花扳手和套筒扳手是成套工具。活扳手的规格,见表 1-6。

表 1-6　　　　　　　　　　活扳手的规格　　　　　　　（单位：mm）

全长	100	150	200	250	300	370	450	600
最大开口宽度	14	19	24	30	36	46	55	65

（3）模板安装常用量具。

模板安装常用量具包括：线坠、托线板、方尺、水平仪、塞尺、钢尺、靠尺等，前面第1条已叙述的此处不再重复介绍。

①塞尺（厚薄规）。塞尺是检查间隙的一种精密量具，用它来检查两个接合面之间的间隙大小。见图 1-38。

图 1-38　塞尺

a. 测量范围。塞尺用于检查两结合面精度（即结合面缝隙大小），由一组薄钢片制成，长度有 50mm、100mm、200mm 等。测量范围分为 5 组号码：

1 号 13 片，测量范围：0.02～0.10mm；

2 号 16 片，测量范围：0.03～0.50mm；

3 号 11 片，测量范围：0.03～0.50mm；

4 号 14 片，测量范围：0.25～1.00mm；

5 号 11 片，测量范围：0.50～1.00mm。

b. 塞尺使用要点。使用时应根据被测间隙的大小，选择塞尺片的厚度，可用一片或数片组合进行测量。使用前应先清除工件及塞尺上的油污或杂物。测量时，塞尺塞入力度不能太大，并用拇指和食指握住距塞尺前端 1cm 处，以免塞尺产生褶折。使用完后，应擦拭干净，并涂上防锈油。

②水平仪。水平仪是由铸铁框架、主水准器（纵向水泡）、定位水准器（横向水泡）等组成。它是一种测角仪器，主要工作部分是水准器。见图 1-39。水平仪用于测量平面对水平或垂直位置

的偏差。根据外形尺寸分有框式(方形)和条式(长方形)水平仪。

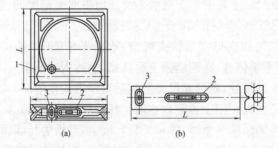

图 1-39 水平仪
(a)框式;(b)条式
1—铸铁框架;2—主水准器;3—定位水准器

水平仪在水平位置或垂直位置时,气泡处于水准器中央位置。精度用mm/m表示。如精度 0.02/1000,其意义为:当气泡移动一格时,水平仪的底面倾斜角度 θ 是 4″,每米高度差为 0.02mm。

使用水平仪注意事项:

a. 使用前,被测表面和工件表面必须擦拭干净;温度对水平仪测量精度影响很大,操作者手离气泡管较近或对气泡管呼气都有一定的影响,测量时,水平仪应远离热流或隔热。

b. 操作水平仪时应手握水平仪护木,不得用手接触水准器,或对着水准器呼气;在读数时,视线要垂直对准水准器,以免产生视差。

c. 使用误差比较小的水平仪测量设备水平度时,应在被测量面上原地转 180° 进行测量;水平仪测量时,应轻拿轻放,不得碰撞和在所测工件表面上滑移。被测的部位必须是加工面光滑的平面。在调整被测物水平度时,水平仪一定要拿开。

d. 测量工件铅垂直面时,应用力均匀地紧靠在工件立面上;水平仪使用后应擦拭干净,涂上一层无酸无水的防护油脂,置于盒内和干燥处,并不得与其他工具混放。

③靠尺。主要用于垂直水平及任何平面平整度的检测。为2m折叠式铝合金制作,仪表为机械指针式。2m靠尺,见图1-40。

用靠尺和楔形塞尺检查墙、柱表面平整度时,要双手拿靠尺,手臂平举伸直,靠到墙面上后扶稳,然后用楔形塞尺,垂直地塞入最大缝隙处,楔形塞尺要塞实后再读出偏差值。

④托线板。用于检测垂直度。托线板,见图1-41。

检查墙面的平整时,将尺子靠在墙上,若板边与墙面接触严密,则说明墙面平整。检查墙面的垂直时,将板的一侧垂直紧靠墙面,当线坠停止自由摆动时,线坠的小线如与板中的竖直墨线重合,说明墙面垂直,否则墙面不垂直。

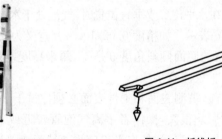

图1-40　靠尺　　　　　　　图1-41　托线板

⑤线坠。供测量工作及修建房屋时吊垂直基准线用。线坠,见图1-42。规格线坠规格见表1-7。

表1-7　　　　　　　　　　　线坠规格

材料	质量(kg)
铜质	0.0125,0.025,0.05,0.1,0.15,0.2,0.25,0.3,0.4,0.5,0.6,0.75,1,1.5
钢质	0.1,0.15,0.2,0.25,0.3,0.4,0.5,0.75,1,1.25,2,2.5

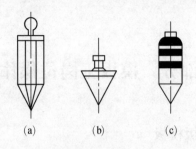

(a)　　　　　(b)　　　　　(c)

图 1-42　线坠

(a)棱柱形线坠；(b)圆锥形线坠；(c)圆柱形线坠

a. 线坠圆锥尖与顶帽轴线应在一个同心轴上，表面清洁，螺纹连接可靠，线坠镀层无脱落缺陷。

b. 使用时注意保护锤体圆锥尖，切勿磨钝或碰歪，以免影响测量基准的准确度。

c. 经常检查线坠垂直悬吊线绳是否牢固，顶帽是否松动脱扣，以免落地砸脚或圆锥尖刺伤脚面。

d. 圆柱体线坠分整体基准尖和活络基准尖两种，当使用活络基准尖时可将顶尖由圆柱体旋出，用完将活络基准尖旋回圆柱体内，以免顶尖损坏影响基准度。

第2部分 模板工岗位操作技能

一、胶合板模板

1. 胶合板模板种类及特点

（1）胶合板模板的种类。

混凝土结构所用的胶合板模板有木质胶合板和竹胶合板两类。

（2）胶合板模板的特点。

①板幅大、自重轻、板面平整。既可减少安装工作量，节省现场人工费用，又可减少混凝土外露表面的装饰及磨去接缝的费用。

②承载能力大，特别是经表面处理后耐磨性好，能多次重复使用。

③材质轻，厚18mm的木胶合板，单位面积重量为50kg，模板的运输、堆放、使用和管理等都较为方便。

④保温性能好，能防止温度变化过快，冬期施工有助于混凝土的保温。

⑤锯截方便，易加工成各种形状的模板。

⑥便于按工程的需要弯曲成型，用作曲面模板。

⑦用于清水混凝土模板最为理想。

2. 木胶合板模板及选择

（1）构造。

模板用的木胶合板通常由 5、7、9、11 层等奇数层单板经热压固化而胶合成型。相邻层的纹理方向相互垂直,通常最外层表板的纹理方向和胶合板板面的长向平行,因此,整张胶合板的长向为强方向,短向为弱方向,使用时必须加以注意。

（2）规格尺寸。

混凝土模板用木胶合板规格尺寸,见表 2-1。

表 2-1　　　　　混凝土模板用木胶合板规格尺寸　　　（单位:mm）

模数制		非模数制		
宽度	长度	宽度	长度	厚度
600	1800	915	1830	12.0
900	1800	1220	1830	15.0
1000	2000	915	2135	18.0
1200	2400	1220	2440	21.0

（3）选择注意事项。

①必须选用经过板面处理的胶合板。未经板面处理的胶合板用作模板时,因混凝土硬化过程中,胶合板与混凝土界面上存在水泥——木材之间的结合力,使板面与混凝土粘结较牢,脱模时易将板面木纤维撕破,影响混凝土表面质量。这种现象随胶合板使用次数的增加而逐渐加重。

经覆膜罩面处理后的胶合板,增加了板面耐久性。脱模性能良好,外观平整光滑,最适用于有特殊要求的、混凝土外表面不加修饰处理的清水混凝土工程,如混凝土桥墩、立交桥、筒仓、烟囱以及塔等。

②未经板面处理的胶合板(亦称白坯板或素板),在使用前应对板面进行处理。处理的方法为冷涂刷涂料,把常温下固化的涂料胶涂刷在胶合板表面,构成保护膜。

(4)使用注意事项。

①脱模后立即清洗板面浮浆,堆放整齐。

②模板拆除时,严禁抛扔,以免损伤板面处理层。

③胶合板边角应涂有封边胶,故应及时清除水泥浆。为了保护模板边角的封边胶,最好在支模时在模板拼缝处粘贴防水胶带或水泥纸袋,加以保护,防止漏浆。

④胶合板板面尽量不钻孔洞,如有预留孔洞,可用普通木板拼补。

⑤现场应备有修补材料,以便及时对损伤的面板进行修补。

⑥使用前必须涂刷脱模剂。

3. 竹胶合板模板及选择

(1)竹胶合板模板的组成和构造。

混凝土模板用竹胶合板,其面板与芯板所用材料既有不同之处,又有相同之处。不同的材料是芯板将竹子劈成竹条(称竹帘单板),宽14~17mm,厚3~5mm,在软化池中进行高温软化处理后,做烤青、烤黄、去竹衣及干燥等进一步处理。竹帘的编织可用人工或编织机。面板通常为编席单板,做法是竹子劈成篾片,由编工编成竹席。表面板采用薄木胶合板。这样既可利用竹材资源,又可兼有木胶合板的表面平整度。

另外,也有采用竹编席作面板的,这种板材表面平整度较差,且胶粘剂用量较多。

竹胶合板断面构造,见图2-1。

为了提高竹胶合板的耐水性、耐磨性和耐碱性,经试验证

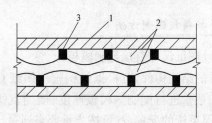

图 2-1　竹胶合板断面示意

1-竹席或薄木片表板;2-竹帘芯板;3-胶粘剂

明,竹胶合板表面进行环氧树脂涂面的耐碱性较好,进行瓷釉涂料涂面的综合效果最佳。

(2)竹胶合板模板的规格。

竹胶合板模板的规格,见表 2-2～表 2-3。

表 2-2　　　　　　竹胶合板长、宽规格　　　　　（单位:mm）

长度	宽度	长度	宽度
1830	915	2440	1220
2000	1000	3000	1500
2135	915	—	—

表 2-3　　　　　　竹胶合板模板规格尺寸　　　　（单位:mm）

长度	宽度	厚度
1830	915	
1830	1220	
2000	1000	
2135	915	9,12,15,18
2440	1220	
3000	1500	

注:引自《竹胶合板模板》(JG/T 156-2004)。

4.胶合板模板配制方法

（1）按设计图纸尺寸直接配制模板。

形体简单的结构构件，可根据结构施工图纸直接按尺寸列出模板规格和数量进行配制。模板厚度、横挡及楞木的断面和间距，以及支撑系统的配置，都可按支承要求通过计算选用。

（2）采用放大样方法配制模板。

形体复杂的结构构件，如楼梯、圆形水池等，可在平整的地坪上，按结构图的尺寸画出结构构件的实样，量出各部分模板的准确尺寸或套制样板，同时确定模板及其安装的节点构造，进行模板的制作。

（3）用计算方法配制模板。

形体复杂不易采用放大样方法，但又有一定几何形体规律的构件，可用计算方法结合放大样的方法，进行模板的配制。

（4）采用结构表面展开法配制模板。

一些形体复杂且又由各种不同形体组成的复杂体型结构构件，如设备基础。其模板的配制，可采用先画出模板平面图和展开图，再进行配模设计和模板制作。

5.胶合板模板配制要求

（1）应整张直接使用，尽量减少随意锯截，造成胶合板浪费。

（2）木胶合板常用厚度一般为 12mm 或 18mm，竹胶合板常用厚度一般为 12mm，内、外楞的间距，可随胶合板的厚度，通过设计计算进行调整。

（3）支撑系统可以选用钢管脚手架，也可采用木支撑。采用木支撑时，不得选用脆性、严重扭曲和受潮容易变形的木材。

（4）钉子长度应为胶合板厚度的 1.5～2.5 倍，每块胶合板与木楞相叠处至少钉 2 个钉子。第二块板的钉子要转向第一块模板方向斜钉，使拼缝严密。

（5）配制好的模板应在反面编号并写明规格，分别堆放保管，以免错用。

6. 胶合板模板施工要点

（1）墙体模板。

①模板的安装。墙体模板安装时，根据边线先立一侧模板，临时用支撑撑住，用线锤校正使模板垂直，然后固定牵杠，再用斜撑固定。大块侧模组拼时，上下竖向拼缝要互相错开，先立两端，后立中间部分。

待钢筋绑扎后，按同样方法安装另一侧模板及斜撑等。

②墙体厚度的保证。为了保证墙体的厚度正确，在两侧模板之间可用小方木撑头（小方木长度等于墙厚），防水混凝土墙要加有止水板的撑头。小方木要随着浇筑混凝土逐个取出。为了防止浇筑混凝土的墙身鼓胀，可用 8～10 号钢丝或直径 12～16mm 螺栓拉结两侧模板，间距不大于 1m。螺栓要纵横排列，并在混凝土凝结前经常转动，以便在凝结后取出，如墙体不高，厚度不大，亦可在两侧模板上口钉上搭头木即可。

（2）采用钢管脚手排架支撑的楼板模板。

采用脚手钢管搭设排架，铺设楼板模板常采用的支模方法是：用 $\phi48 \times 3.5$ 脚手钢管搭设排架，在排架上铺设 50×100 方木，间距为 400mm 左右，作为面板的格栅（楞木），在其上铺设胶合板面板，见图 2-2。

（3）采用木顶撑支设楼板模板。

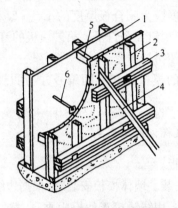

图 2-2 采用胶合板面板的墙体模板
1—胶合板;2—主挡;3—横挡;4—斜撑;5—撑头;6—穿墙螺栓

①楼板模板铺设在格栅上。格栅两头搁置在托木上,格栅一般用断面 50mm×100mm 的方木,间距为 400~500mm。当格栅跨度较大时,应在格栅下面再铺设通长的牵杠,以减小格栅的跨度。牵杠撑的断面要求与顶撑立柱一样,下面须垫木楔及垫板。一般用(50~75)mm×150mm 的方木。楼板模板应垂直于格栅方向铺钉,见图 2-3、图 2-4。

②楼板模板安装时,先在次梁模板的两侧板外侧弹水平线,水平线的标高应为楼板底标高减去楼板模板厚度及格栅高度,然后按水平线钉上托木,托木上口与水平线相齐。再把靠梁旁的格栅先摆上,等分格栅间距,摆中间部分的格栅。最后在格栅上铺钉楼板模板。为了便于拆模,只在模板端部或接头处钉牢,中间尽量少钉。如中间设有牵杠撑及牵杠时,应在格栅摆放前先将牵杠撑立起,将牵杠铺平。

木顶撑构造见图 2-5。

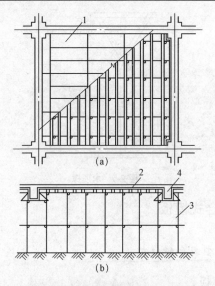

图 2-3　楼板模板采用钢管脚手排架支撑

（a）平面；（b）立面

1—胶合板；2—木楞；3—钢管脚手架支撑；4—现浇混凝土梁

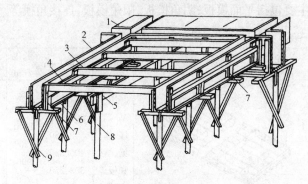

图 2-4　肋形楼盖木模板

1—楼板模板；2—梁侧模板；3—格栅；4—横挡（托木）；
5—牵杠；6—夹木；7—短撑木；8—牵杠撑；9—支柱（琵琶撑）

帽木
50~100×100
方木
斜撑
50×75方木
立柱
100×100方木
或φ120原木
垫板　木楔

图 2-5　木顶撑

二、组合式模板

1. 55 型组合钢模板

(1)钢模板。

钢模板采用 Q235 钢材制成,钢板厚度 2.5mm,对于≥400mm 宽面钢模板的钢板厚度应采用 2.75mm 或 3.0mm 钢板。主要包括平面模板、阴角模板、阳角模板、连接角模等。

表 2-4　　　　　　　　　钢模板的用途及规格

名称	图示	用途	宽度/mm	长度/mm	肋高/mm
平面模板	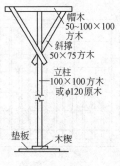 1—插销孔;2—U形卡孔;1—凸鼓;4—凸棱;5—边肋;6—主肋;7—无孔横肋;8—有孔纵肋;9—无孔纵肋;10—有孔横肋;11—端肋	用于基础、墙体、梁、柱和板等多种结构的平面部位	600、550、500、450、400、350、300、250、200、150、100	1800、1500、1200、900、750、600、450	55

名称	图示		用途	宽度/mm	长度/mm	肋高/mm
转角模板	阴角模板	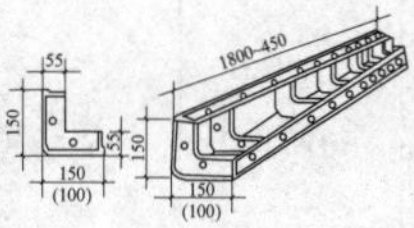	用于墙体和各种构件的内角及凹角的转角部位	150×150、100×150	1800、1500、1200、900、750、600、450	55
	阳角板模模	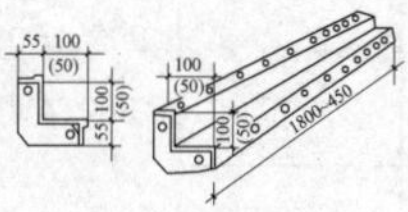	用于柱、梁及墙体等外角及凸角的转角部位	100×100、50×50		
	连接角模	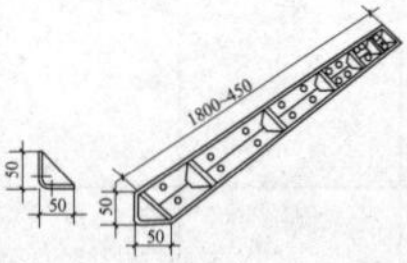	用于柱、梁及墙体等外角及凸角的转角部位	50×50		
倒棱模板	角棱模板	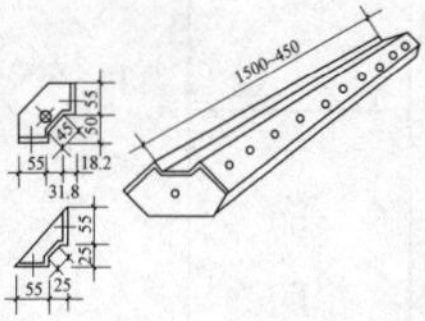	用于柱、梁及墙体等阳角的倒棱部位	17、45	1500、1200、900、750、600、450	55
	圆棱模板	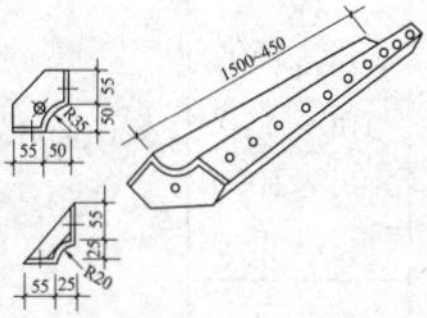		R20、R25		

续表

名称	图示	用途	宽度/mm	长度/mm	肋高/mm
梁腋模板	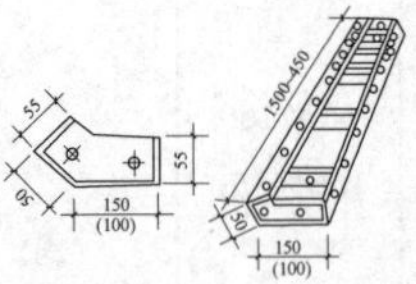	用于暗渠、明渠、沉箱及高架结构等梁腋部位	50×150、50×100	1500、1200、900、750、600、450	55
柔性模板	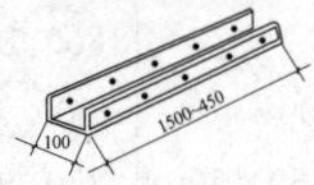	用于圆形筒壁、曲面墙体等部位	100		
搭接模板	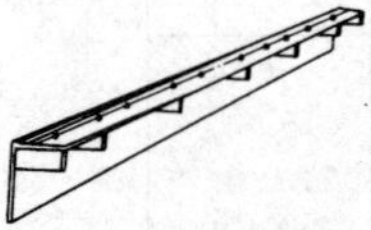	用于调节50mm以内的拼装模板尺寸	75		
可调模板	双曲	用于构筑物曲面部位	300 200	1500、900、600	
	变角	用于展开面为扇形或梯形的构筑物结构	200 160		55
嵌补模板	平面嵌板 阴角嵌板 阳角嵌板 连接模板	与平面模板和转角模板相同 用于梁、柱、板、墙等结构接头部位	200、150、100 / 150×150、100×150 / 100×100、50×50 / 50×50	300、200、150	

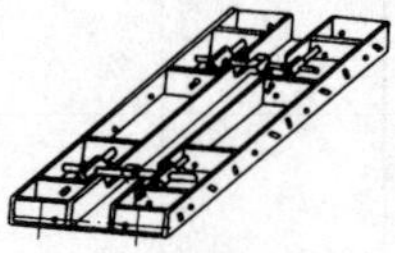

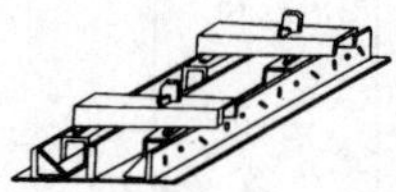

（2）连接件。

连接件由 U 形卡、L 形插销、钩头螺栓、紧固螺栓、扣件、对拉螺栓等组成，见表 2-5～表 2-7。

表 2-5　　　　　　　　　连接件组成及用途

名称	图示	用途	规格	备注
U 形卡		主要用于钢模板纵横向的自由拼接，将相邻钢模板夹紧固定	$\phi 12$	Q235 圆钢
L 形插销		用来增强钢模板的纵向拼接刚度，保证接缝处板面平整	$\phi 12, l=345$	
钩头螺栓		用于钢模板与内、外钢楞之间的连接固定	$\phi 12, l=205、180$	
紧固螺栓		用于紧固内、外钢楞，增强拼接模板的整体性	$\phi 12, l=180$	

续表

名称		图示	用途	规格	备注
对拉螺栓		外拉杆　顶帽 内拉杆 顶帽　外拉杆 L　　混凝土壁厚　　L	用于拉结两竖向侧模板；保持两侧模板的间距；承受混凝土侧压力和其他荷载，确保模板有足够的强度和刚度	M12、M14、M16、T12、T14、T16、T18、T20	Q235圆钢
扣件	3形扣件		用于钢楞与钢模板或钢楞之间的紧固连接，与其他配件一起将钢模板拼装连接成整体，扣件应与相应的钢楞配套使用。按钢楞的不同形状，分别采用碟形和3形扣件，扣件的刚度与配套螺栓的强度相适应	26型、12型	Q235钢板
	碟形扣件			26型、18型	

表 2-6　　　　　　　　对拉螺栓的规格和性能

螺栓直径/mm	螺纹内径/mm	净面积/mm²	容许拉力/kN
M12	10.11	76	12.90
M14	11.84	105	17.80
M16	13.84	144	24.50
T12	9.50	71	12.05
T14	11.50	104	17.65
T16	13.50	143	24.27
T18	15.50	189	32.08
T20	17.50	241	40.91

表 2-7	扣件容许荷载	(单位:kN)
项目	型号	容许荷载
碟形扣件	26 型	26
	18 型	18
3 形扣件	26 型	26
	12 型	12

(3)支承件。

①钢楞。钢楞又称龙骨,主要用于支承钢模板并加强其整体刚度。钢楞的材料有 Q235 圆钢管、矩形钢管、内卷边槽钢、轻型槽钢、轧制槽钢等,可根据设计要求和供应条件选用。

内钢楞直接支承模板,承受模板传递的多点集中荷载。

②柱箍。柱箍又称柱卡箍、定位夹箍,用于直接支承和夹紧各类柱模的支承件,可根据柱模的外形尺寸和侧压力的大小来选用,见图 2-6。

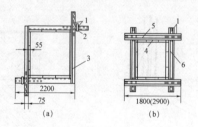

图 2-6 柱箍

(a)角钢型;(b)型钢型

1-插销;2-限位器;3-夹板;4-模板;5-型钢;6-钢型 B

③梁卡具。梁卡具又称梁托架,是一种将大梁、过梁等钢模板夹紧固定的装置,并承受混凝土侧压力,其种类较多,其中钢管型梁卡具,见图 2-7,适用于断面为 $700mm \times 500mm$ 以

内的梁；扁钢和圆钢管组合梁卡具，见图 2-8，适用于断面为 600mm×500mm 以内的梁。上述两种梁卡具的高度和宽度都能调节。

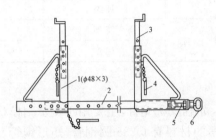

图 2-7 钢管型梁卡具

1—三角架；2—底座；3—调节杆；4—插销；5—调节螺栓；6—钢筋环

④圈梁卡。用于圈梁、过梁、地基梁等方（矩）形梁侧模的夹紧固定。目前各地使用的形式多样，现介绍以下三种施工简便的圈梁卡，见图 2-9、图 2-10 和图 2-11。

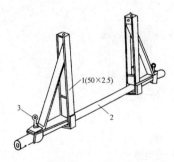

图 2-8 扁钢和圆钢管组合梁卡具

1—三角架；2—底座；3—固定螺栓

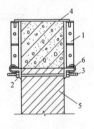

图 2-9 圈梁卡之一

1—钢模板；2—连接角模；

3—拉结螺栓；4—拉铁；

5—砖墙；6—U 形卡

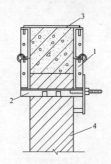

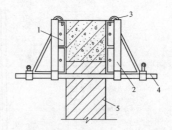

图 2-10 圈梁卡之二   图 2-11 圈梁卡之三
1—钢模板；2—卡具；   1—钢模板；2—梁卡具；3—弯钩；
3—拉铁；4—砖墙   4—圈钢管；5—砖墙

图 2-9 为用连接角模和拉结螺栓做梁侧模底座,梁侧模上部用拉铁固定。

图 2-10 为用角钢和钢板加工成的工具式圈梁卡。

图 2-11 为用梁卡具做梁侧模的底座,上部用弯钩固定钢模板的位置。

⑤钢支柱。用于大梁、楼板等水平模板的垂直支撑,采用 Q235 钢管制作,有单管支柱和四管支柱多种形式,见图 2-12。单管支柱分 C-18 型、C-22 型和 C-27 型三种,其长度分别为 1812~3112mm、2212~3512mm 和 2712~4012mm。

⑥早拆柱头。用于梁和楼板模板的支撑柱头,以及模板的早拆柱头,见图 2-13。

⑦斜撑。用于承受墙、柱等侧模板的侧向荷载和调整竖向支模的垂直度,见图 2-14。

⑧桁架。用于楼板、梁等水平模板的支架。用它支设模板,可以节省模板支撑和扩大楼层的施工空间,有利于加快施工速度。

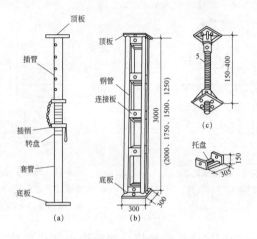

图 2-12 钢支柱

(a)单管支柱；(b)四管支柱；(c)螺栓千斤顶

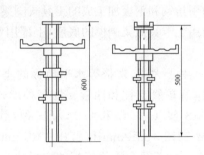

图 2-13 螺旋式早拆柱头

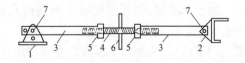

图 2-14 斜撑

1—底座；2—顶撑；3—钢管斜撑；4—花篮螺栓；5—螺帽；6—旋杆；7—销钉

⑨钢管脚手支架。主要用于层高较大的梁、板等水平构件模板的支撑柱。目前常用的有扣件式钢管脚手架和碗扣式钢管脚手架,也有采用门式支架。

(4)编制模板工程施工设计。

施工前,应根据结构施工图及施工现场条件编制模板工程施工设计,作为工程项目施工组织设计的一部分。模板工程施工设计应包括以下内容:

①绘制配板设计图、连接件和支承系统布置图,以及细部结构、异形模板和特殊部位详图。

②根据结构构造形式和施工条件,对模板和支承系统等进行力学验算。

③制定模板及配件的周转使用计划,编制模板和配件的规格、品种与数量明细表。

④制定模板安装及拆模工艺,以及技术安全措施。

(5)加快模板周转措施。

为了加快模板的周转使用,降低模板工程成本,宜选择以下措施:

①采取分层分段流水作业,尽可能采取小流水段施工。

②竖向结构与横向结构分开施工。

③充分利用有一定强度的混凝土结构,支承上部模板结构。

④采取预装配措施,使模板做到整体装拆。

⑤水平结构模板宜采用"先拆模板(面板),后拆支撑"的"早拆体系";充分利用各种钢管脚手架做模板支撑。

(6)配板设计和支承系统的设计规定。

①要保证构件的形状尺寸及相互位置的正确。

②要使模板具有足够的强度、刚度和稳定性,能够承受新浇混凝土的重量和侧压力,以及各种施工荷载。

③力求构造简单,装拆方便,不妨碍钢筋绑扎,保证混凝土浇筑时不漏浆。柱、梁墙、板的各种模板面的交接部分,应采用连接简便、结构牢固的专用模板。

④配制的模板,应优先选用通用、大块模板,使其种类和块数最小,木模镶拼量最少。设置对拉螺栓的模板,为了减少钢模板的钻孔损耗,可在螺栓部位改用 55mm×100mm 刨光方木代替,或使钻孔的模板能多次周转使用。

⑤相邻钢模板的边肋,都应用 U 形卡插卡牢固,U 形卡的间距不应大于 300mm,端头接缝上的卡孔,也应插上 U 形卡或 L 形插销。

⑥模板长向拼接宜采用错开布置,以增加模板的整体刚度。

⑦模板的支承系统应根据模板的荷载和部件的刚度进行布置:

a. 内钢楞应与钢模板的长度方向相垂直,直接承受钢模板传递的荷载;外钢楞应与内钢楞互相垂直,承受内钢楞传来的荷载,用以加强钢模板结构的整体刚度,其规格不得小于内钢楞。

b. 内钢楞悬挑部分的端部挠度应与跨中挠度大致相同,悬挑长度不宜大于 400m,支柱应着力在外钢楞上。

c. 一般柱、梁模板,宜采用柱箍和梁卡具作支承件。断面较大的柱、梁,宜用对拉螺栓和钢楞及拉杆。

d. 模板端缝齐平布置时,一般每块钢模板应有两处钢楞支承,错开布置时,其间距可不受端缝位置的限制。

e. 在同一工程中可多次使用预组装模板,宜采用模板与支承系统连成整体的模架。

f. 支承系统应经过设计计算,保证具有足够的强度和稳定性。当支柱或其节间的长细比大于 110 时,应按临界荷载进行核算,安全系数可取 3~3.5。

g. 对于连续形式或排架形式的支柱,应适当配置水平撑与剪刀撑,以保证其稳定性。

⑧模板的配板设计应绘制配板图,标出钢模板的位置、规格、型号和数量。预组装大模板,应标绘出其分界线。预埋件和预留孔洞的位置,应在配板图上标明,并注明固定方法。

(7)配板步骤。

①根据施工组织设计对施工区段的划分、施工工期和流水段的安排,首先明确需要配制模板的层段数量。

②根据工程情况和现场施工条件,决定模板的组装方法。

③根据已确定配模的层段数量,按照施工图纸中梁、柱、墙、板等构件尺寸,进行模板组配设计。

④明确支撑系统的布置、连接和固定方法。

⑤进行夹箍和支撑件等的设计计算和选配工作。

⑥确定预埋件的固定方法、管线埋设方法以及特殊部位(如预留孔洞等)的处理方法。

⑦根据所需钢模板、连接件、支撑及架设工具等列出统计表,以便备料。

(8)模板的定位基准工作。

①进行中心线和位置线的放线。首先引测建筑物的边柱或墙轴线,并以该轴线为起点,引出每条轴线。

模板放线时,应先清理好现场,然后根据施工图用墨线弹出模板的内边线和中心线,墙模板要弹出模板的内边线和外侧控制线,以便于模板安装和校正。

②做好标高量测工作。用水准仪把建筑物水平标高根据实际标高的要求,直接引测到模板安装位置。在无法直接引测时,也可以采取间接引测的方法,即用水准仪将水平标高先引测到过渡引测点,作为上层结构构件模板的基准点,用来测量和复核

其标高位置。

③进行找平工作。模板承垫底部应预先找平,以保证模板位置正确,防止模板底部漏浆。常用的找平方法是沿模板内边线用1:3水泥砂浆找平层,见图2-15(a)。另外,在外墙、外柱部位,继续安装模板前,要设置模板承垫条带,见图2-15(b),并校正其平直。

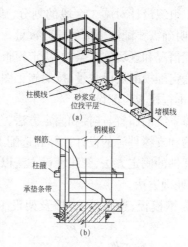

图2-15 墙、柱模板找平
(a)砂浆找平层;(b)外柱模板设承垫条带

④设置模板定位基准。传统做法是按照构件的断面尺寸,先用同强度等级的细石混凝土浇筑50~100mm的短柱或导墙,作为模板定位基准。

另一种做法是采用钢筋定位,墙体模板可根据构件断面尺寸切割一定长度的钢筋焊成定位梯子支撑筋(钢筋端头刷防锈漆),绑(焊)在墙体两根竖筋上,见图2-16(a),起到支撑作用,间距1200mm左右;柱模板,可在基础和柱模上口用钢筋焊成井字形套箍撑位模板并固定竖向钢筋,也可在竖向钢筋靠模板一侧焊一短截钢筋,以保持钢筋与模板的位置,见图 2-16(b)。

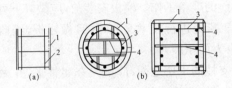

图 2-16 钢筋定位示意图

(a)墙体梯子支撑筋;(b)柱井字套箍支撑筋

1—模板;2—梯形筋;3—箍筋;4—井字支撑筋

(9)模板施工准备。

①模板及配件的检查。按施工需用的模板及配件对其规格、数量逐项清点检查,未经修复的部件不得使用。

②预拼装。采取预拼装模板施工时,预拼装工作应在组装平台或经平整处理的地面上进行,并按表 2-8 要求逐块检验后进行试吊,试吊后再进行复查,并检查配件数量、位置和紧固情况。

表 2-8　　　　　　　　　　模板预拼装允许偏差

项目	允许偏差/mm
两块模板之间拼接缝隙	≤2.0
相邻模板面的高低差	≤2.0
组装模板板面平整度	≤2.0(用 2m 平尺检查)
组装模板板面的长宽尺寸	≤长度和宽度的 1/1000,最大取 4.0
组装模板对角线长度差值	≤7.0(≤对角线长度的 1/1000)

③模板堆放与运输。经检查合格的模板,应按照安装程序进行堆放或装车运输。重叠平放时,每层之间应加垫木,模板与

垫木均应上下对齐,底层模板应垫离地面不小于 20cm。

运输时,应避免碰撞,防止倾倒,采取措施,保证稳固。

④安装前的准备工作。模板安装前,应做好下列准备工作:

a. 向施工班组进行技术交底,并且做样板,经监理、有关人员认可后,再大面积展开。

b. 支承支柱的土层地面,应事先夯实整平,并做好防水、排水设置,准备支柱底垫木。

c. 竖向模板安装的底面应平整坚实,并采取可靠的定位措施,按施工设计要求预埋支承锚固件。

d. 模板应涂刷脱模剂。结构表面需做处理的工程,严禁在模板上涂刷废机油或其他油类。

(10)模板的支设安装。

①同一条拼缝上的 U 形卡,不宜向同一方向卡紧。

②墙模板的对拉螺栓孔应平直相对,穿插螺栓不得斜拉硬顶。钻孔应采用机具,严禁采用电、气焊灼孔。

③钢楞宜采用整根杆件,接头应错开设置,搭接长度不应少于 200mm。

④对现浇混凝土梁、板,当跨度不小于 4m 时,模板应按设计要求起拱;当设计无具体要求时,起拱高度宜为跨度的 1/1000~3/1000。

⑤曲面结构可用双曲可调模板,采用平面模板组装时,应使模板面与设计曲面的最大差值不得超过设计的允许值。

(11)模板安装及注意事项。

模板的支设方法基本上有两种,即单块就位组拼(散装)和预组拼,其中预组拼又可分为分片组拼和整体组拼两种。采用预组拼方法,可以加快施工速度,提高工效和模板的安装质量,但必须具备相适应的吊装设备和有较大的拼装场地。

(12)钢模板安装质量检查。

①钢模板的布局和施工顺序。

②连接件、支承件的规格、质量和紧固情况。

③支承着力点和模板结构整体稳定性。

④模板轴线位置和标志。

⑤竖向模板的垂直度和横向模板的侧向弯曲度。

⑥模板的拼缝度和高低差。

⑦预埋件和预留孔洞的规格数量及固定情况。

⑧扣件规格与对拉螺栓、钢楞的配套和紧固情况。

⑨支柱、斜撑的数量和着力点。

⑩对拉螺栓、钢楞与支柱的间距。

⑪各种预埋件和预留孔洞的固定情况。

⑫模板结构的整体稳定。

⑬有关安全措施。

(13)模板运输。

①不同规格的钢模板不得混装混运。运输时,必须采取有效措施,防止模板滑动、倾倒。长途运输时,应采用简易集装箱,支承件应捆扎牢固,连接件应分类装箱。

②预组装模板运输时,应分隔垫实,支捆牢固,防止松动变形。

③装卸模板和配件应轻装轻卸,严禁抛掷,并应防止碰撞损坏。严禁用钢模板作其他非模板用途。

(14)模板维修和保管。

①钢模板和配件拆除后,应及时清除粘结的灰浆,对变形和损坏的模板和配件,宜采用机械整形和清理。钢模板及配件修复后的质量标准,见表 2-9。

表 2-9　　　　　　　钢模板及配件修复后的质量标准

项目		允许偏差/mm
钢模板	板面平整度	≤2.0
	凸棱直线度	≤1.0
	边肋不直度	不得超过凸棱高度
配件	U 形卡卡口残余变形	≤1.2
	钢楞和支柱不直度	≤L/1000

注:L 为钢楞和支柱的长度。

②维修质量不合格的模板及配件,不得使用。

③对暂不使用的钢模板,板面应涂刷脱模剂或防锈油。背面油漆脱落处,应补刷防锈漆,焊缝开裂时应补焊,并按规格分类堆放。

④钢模板宜存放在室内或棚内,板底支垫离地面100mm以上。露天堆放时,地面应平整坚实,有排水措施,模板底支垫离地面200mm以上,两点距模板两端长度不大于模板长度的1/6。

⑤入库的配件,小件要装箱入袋,大件要按规格分类整数成垛堆放

2.G-70 组合钢模板

(1)G-70 组合钢模板的特点。

70 型组合钢模板由于采用了 2.75～3mm 厚钢板制成,肋高为70mm,因此,刚度大,能满足侧压力 $50kN/m^2$ 的要求;模板接缝严密浇筑的混凝土表面平整光洁,能达到清水混凝土的要求。

用于楼板模板采用早拆支撑体系时,与常规支撑体系相比,其模板用量省 66.6%,支撑用量省 44%,综合用工省 58.4%。

70 型组合钢模板边肋增加卷边,提高了模板的刚度;采用板销,使模板连接方便,接缝严密;采用早拆柱头和多功能早拆柱头,实现立柱与模板的分离,达到早期拆模的目的。

(2)G-70 组合钢模板的组成。

①模板块。全部采用厚度 2.75～3mm 厚优质薄钢板制成;四周边肋呈 L 形,高度为 70mm,弯边宽度为 20mm,模板块内侧,每 300mm 高设一条横肋,每 150～200mm 设一条纵肋。模板边肋及纵、横肋上的连接孔为蝶形,孔距为 50mm,采用板销连接,也可以用一对楔板或螺栓连接。

模板块基本规格:标准块长度有 1500、1200、900mm 三种,宽度有 600、300mm 两种,非标准块的宽度有 250、200、150、100mm 四种,总共 18 种规格。平面模板块和角模、连接角钢、调节板的规格分别见表 2-10 和图 2-17。

表 2-10 G-70 组合钢模平面模板块规格一览表

代号	规格(宽×长) /mm×mm	有效面积 /m²	质量/kg	
			$\delta=3mm$	$\delta=2.75mm$
7P6009	600×900	0.54	23.28	21.34
7P6012	600×1200	0.72	30.61	28.06
7P6015	600×1500	0.90	37.92	34.76
7P3009	300×900	0.27	13.42	12.30
7P3012	300×1200	0.36	17.67	16.20
7P3015	300×1500	0.45	21.93	20.10
7P2509	250×900	0.225	11.16	10.23
7P2512	250×1200	0.30	14.76	13.53
7P2515	250×1500	0.375	18.35	16.82
7P2009	200×900	0.18	8.38	7.68

续表

代号	规格(宽×长) /mm×mm	有效面积 /m²	质量/kg	
			$\delta=3mm$	$\delta=2.75mm$
7P2012	200×1200	0.24	11.07	10.15
7P2015	200×1500	0.30	13.78	12.63
7P1509	150×900	0.135	6.97	6.39
7P1512	150×1200	0.18	9.23	8.46
7P1515	150×1500	0.225	11.48	10.54
7P1009	100×900	0.09	5.61	5.14
7P1012	100×1200	0.12	7.43	6.81
7P1015	100×1500	0.15	9.26	8.49

代号说明:

```
                              ┌── 板面宽度(60代表600mm)
                     7P  60  09
70mm 高边肋平面模板块 ─┘        └── 模板长度(09代表900mm)
```

②角模、连接角钢、调节板。

表 2-11　　　　　　　角模、连接角钢、调节板规格

名称	代号	规格 /mm×mm×mm	有效面积 /m²	质量/kg	
				$\delta=3mm$	$\delta=2.75mm$
阴角模	7E1059	150×150×900	0.27	11.06	10.14
阴角模	7E1512	150×150×1200	0.36	14.64	13.42
阴角模	7E1515	150×150×1500	0.45	18.20	16.69
阳角模	7Y1509	150×150×900	0.27	11.62	10.65
阳角模	7Y1512	150×150×1200	0.36	15.30	14.07
阳角模	7Y1515	150×150×1500	0.45	19.00	17.49
铰链角模	7L1506	150×150×600	0.18	11.00 ($\delta=4\sim5mm$)	

续表

名称	代号	规格 /mm×mm×mm	有效面积 /m²	质量/kg	
				$\delta=3mm$	$\delta=2.75mm$
铰链角模	7L1509	150×150×900	0.27	16.38 ($\delta=4\sim5mm$)	
可调阴角模	TE2827	280×280×2700	1.35	63.00 ($\delta=4mm$)	
可调阴角模	TE2830	280×280×3000	1.50	70.00 ($\delta=4mm$)	
L型调节板	7T0827	74×80×2700	0.135	15.36 ($\delta=5mm$)	
L型调节板	7T1327	74×130×2700	0.27	20.77 ($\delta=5mm$)	
L型调节板	7T0830	74×80×3000	0.15	17.07 ($\delta=5mm$)	
L型调节板	7T1330	74×130×3000	0.30	23.20 ($\delta=5mm$)	
连接角钢	7J0009	70×70×900		4.02 ($\delta=4mm$)	
连接角钢	7J0012	70×70×1200		5.33 ($\delta=4mm$)	
连接角钢	7J0015	70×70×1500		6.64 ($\delta=4mm$)	

代号说明：

```
                        ┌─角模翼宽(15代表150mm)
              7E    15    09
  70mm 边肋高阴角模─┘          └─角模长度(09代表900mm)
```

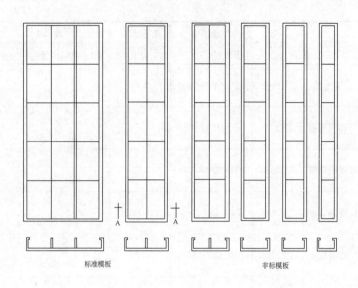

标准模板　　　　　　　　　　　非标模板

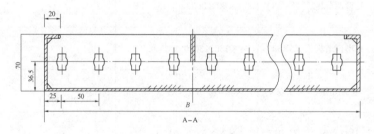

图 2-17　G-70 钢模板块

角模分阴角模和阳角模以及铰链角模、可调阴角模。

a. 阴角模。用于墙的内角,翼宽为 150mm×150mm,长度为 1500mm、1200mm、900mm 三种,见图 2-18,可与模板块、连接角钢、调节板拼装,其代号、规格、有效面积、质量详见表 2-11。

b. 阳角模。用于墙的外角,翼宽为 150mm×150mm,长度

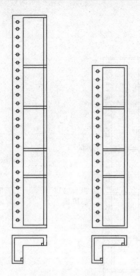

图 2-18 阴角模

为 1500、1200、900mm 三种,见图 2-19,可与模板块、连接角钢、调节板拼装,其代号、规格、有效面积、重量详见表 2-11。

　　c.铰链角模。用于电梯井筒模阴角,翼宽为 150mm×150mm,长度为 900、600mm 两种,见图 2-20,可与模板块拼装,由于铰链角模角度可变,利于拆模。其代号、规格、有效面积、质量详见表 2-11。

　　d.可调阴角模。用于墙的阴角,翼宽为 180mm×180mm,可调量为 100mm,长度为 3000、2700mm 两种,见图 2-21,可与平面大模板配合使用,两翼分别与两块平模搭接,可起到调节模板长度的作用,也利于模板的支拆。其代号、规格、有效面积、质量详见表 2-11。

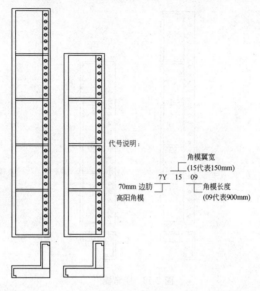

代号说明：

角模翼宽
（15代表150mm）

7Y 15 09

70mm 边肋
高阳角模

角模长度
（09代表900mm）

图 2-19　阳角模

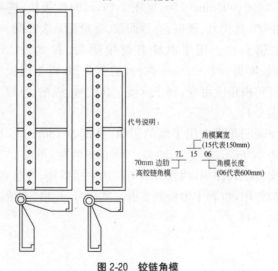

代号说明：

角模翼宽
（15代表150mm）

7L 15 06

70mm 边肋
高铰链角模

角模长度
（06代表600mm）

图 2-20　铰链角模

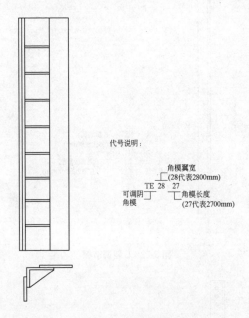

代号说明:

角模翼宽
(28代表2800mm)
TE 28 27
可调阴 角模长度
角模 (27代表2700mm)

图 2-21 可调阴角模

　　e.调节板。用于两块模板(平模与阴角模、平模与平模)的连接处,一翼翼宽为 74mm;另一翼翼宽分别为 130mm 或 80mm,长度为 3000mm 和 2700mm 两种,总共四种规格,部分规格见图 2-22。

　　f.连接角模。用于墙的外角,两翼的宽度均为 70mm,长度为 1500mm、1200mm、900mm 三种,见图 2-23。可在墙的外角处,将两块平模连接在一起成阳角,其代号、质量详见表 2-11。

　　③模板配件。G-70 型组合钢模板的配件规格,见表 2-12 和图 2-24。

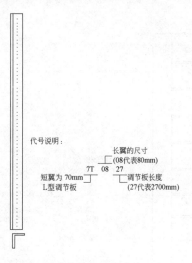

图 2-22　L 型调节板

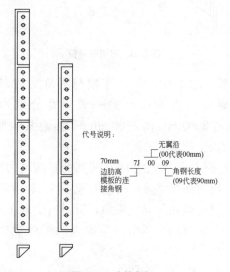

图 2-23　连接角钢

表 2-12   70 型组合钢模板配件规格

名称	代号	规格/mm	质量/kg
楔板	J01	1 对楔板	0.13
小钢卡	J02	卡 ϕ48	0.44
大钢卡	J03A	卡 2ϕ48 或□ 50×100	0.64
大钢卡	J03B	卡 8 号槽钢	0.60
双环钢卡	J04A	卡 2 □ 50×100	2.40
双环钢卡	J04B	卡 2 个 8 号槽钢	1.70
模板卡	J05	—	0.13
板销	J06	1 个楔板、1 个销键	0.11
平台支架	P01A	40×40 方钢管	11.07
平台支架	P01B	50×26 槽钢	13.10
斜支撑	P02A	ϕ60 钢管 1 底座 2 销轴卡座	30.64
斜支撑	P02B	50×26 槽钢	12.82
外墙挂架	P03	8 号槽钢 ϕ48 钢管 T25 高强螺栓	65.84
钢爬梯	P04	ϕ16 钢筋	18.42
工具箱	P05	3 厚钢板	26.80
吊环	P06	8 厚、ϕ12 螺栓 3 个	1.38
对拉螺栓	DS2570	T25 $L=700$mm	3.35
对拉螺栓	DS2270	T22 $L=700$mm	3.00
组合对拉螺栓	ZS1670	M16 $L=650$mm	2.14
锥形对拉螺栓	ZUS3096	ϕ26～30 $L=965$mm	7.12
锥形对拉螺栓	ZUS3081	ϕ26～30 $L=815$mm	6.29
塑料堵塞	SS25	ϕ25	1(500 个)
塑料堵塞	SS18	ϕ18	—
塑料堵塞	SS16	ϕ16	—
方钢管龙骨	LGA	□ 50×100 L 按需要	6.6(每米)
槽钢龙骨	LGB	8 号槽钢 L 按需要	8.04(每米)
圆钢管龙骨	LGC	ϕ48 L 按需要	3.84(每米)

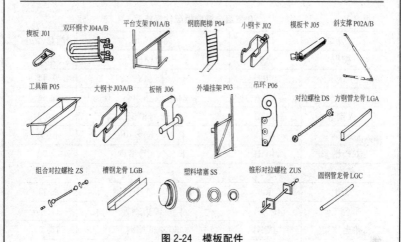

图 2-24　模板配件

a. 楔板。楔板是平面模板块、角模、调节板、连接角钢相互锁定的连接件,采用 4mm 厚钢板制作。

b. 小钢卡。小钢卡是模板块与圆钢管龙骨的连接件。钢卡的一头与模板块的销眼钩住,另一头卡住圆钢管龙骨并用顶丝顶牢。小钢卡采用 4mm 厚钢板制作。

c. 大钢卡。大钢卡是模板块与方钢管龙骨或槽钢龙骨的连接件。钢卡的一头与模板块的销眼钩住,另一头卡住方钢管龙骨或槽钢龙骨,并用顶丝顶牢。大钢卡采用 4mm 厚钢板制作。

d. 双环钢卡。双环钢卡是组合大墙模纵横两根方钢管龙骨或纵横两根槽钢龙骨的连接件。双环钢卡的一头卡住一根横龙骨,另一头卡住一根纵龙骨,并采用螺栓与钢垫板销紧。双环钢卡采用 8mm 厚钢板及 $\phi16$ 螺栓制作。

e. 板销。板销是楔板配合使用的模板连接件,板销从两块模板边肋上的销眼穿过,再用一块楔板从板销眼中穿过楔紧,即可将两块模板锁紧。板销采用 φ13 高强圆钢制作。

f. 平台支架。平台支架是整体大墙模板浇筑混凝土操作平台的支架。制作材料分 A、B 型两种，A 型采用 40mm×40mm 方钢；B 型采用 5 号槽钢，护身栏立杆均采用 φ48 钢管制作。

g. 斜支撑。斜支撑是组合整体大墙模板调整模板垂直度的支撑工具。斜支撑分 A、B 型两种，A 型既可调整模板的垂直度，又可调整支撑点与模板之间的距离；B 型仅能调整模板的垂直度。A 型用 φ60 钢管及 φ38 丝杠制作；B 型用 5 号槽钢和 φ38 丝杠制作。

h. 外墙挂架。外墙挂架是外墙组合大墙模板的支撑平台支架，它悬挂在下一层外墙结构上。悬挂外墙挂架的穿墙螺栓采用 T25 钢制作。

i. 钢爬梯。钢爬梯是组合大墙模板操作平台上下人用的爬梯。爬梯上端挂在平台支架水平钢管上，下端羊眼圈贴紧模板边肋的销眼，并用螺栓锁牢。

j. 工具箱。工具箱是在施工时支拆组合大模板存放工具及零件用的，支托在组合大模板横龙骨上，用 φ12 螺栓锁在模板块的销眼上。

k. 吊环。吊环是吊装组合大模板挂钩用的吊环，采用 8mm 厚钢板制作，下部三个螺栓眼采用 φ12 螺栓与组合大模板边肋上的销眼连接，上部圆孔用于挂钩。

l. 塑料堵塞。塑料堵塞是临时堵塞组合大钢模板穿墙螺栓孔用的。

m. 穿墙螺栓。穿墙螺栓有对拉螺栓、组合对拉螺栓和锥形对拉螺栓三种，其性能各不相同。

对拉螺栓采用 φ22 或 φ25 圆钢制作，使用时需附加套管，以便于螺栓安装和拆除，重复使用；组合对拉螺栓分为三节，采用止水螺栓连接,中间一节浇筑混凝土墙体后留在墙内,起止水作用;两个端节及止水螺栓可以拆除后重复使用,采用φ16 圆钢制作;锥形对拉螺栓使用时不用附加套管,由于螺杆一头粗(φ30)一头细(φ26),有利于螺栓安装和拆除,采用 φ30 圆钢制作。

n. 背楞(龙骨)。背楞有方钢管龙骨(3mm 厚钢板制成)、槽钢龙骨和圆钢管龙骨(均为通用型),用于大钢模板的组合。

④地脚调节丝杠。地脚调节丝杠是楼顶板模板的垂直地脚支撑杆件,见图 2-25,用于调节垂直高度、模板抄平,其型号、规格见表 2-13。

图 2-25　调节丝杠

表 2-13　　　　　　　　　　　　调节丝杠规格

名称	代号	规格/mm	质量/kg
调节丝杠	TG060A	T38　$L=760$	6.9
	TG060B	T36　$L=760$	6.13
	TG050A	T38　$L=660$	6.1
	TG050B	T36　$L=660$	5.47
	TG030A	T38　$L=460$	4.7
	TG030B	T36　$L=460$	4.19

代号说明:

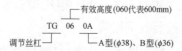

（3）墙体模板施工。

①墙体模板的组成。组合式整体墙体大模板由 G-70 组合钢模板平面模板块、50×100 方钢管纵横龙骨、模板连接件、操作平台、斜支撑等组成，见图 2-26。

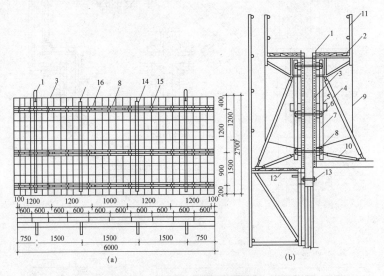

图 2-26　组合式整体墙体大模板

（a）拼装示意图；（b）内、外墙大模板组合示意图

1—吊环；2—操作平台；3—平面模板块；4—斜支撑；5—工具箱；

6—穿墙对拉螺栓；7—50×100 方钢管纵龙骨；8—50×100 方钢管横龙骨；

9—钢筋爬梯；10—斜支撑横杆；11—护身栏立杆；12—外墙挂架；

13—高强对拉螺栓；14—双环钢卡；15—大钢卡；16—穿墙螺栓孔

②墙体模板的配制。墙体模板的配制，应根据墙体不同的构造灵活组拼，见图 2-27。

③墙体模板对拉螺栓的布置。墙体模板对拉螺栓的布置，垂直方向其间距为 600～900mm；水平方向间距小于 1200mm，模板端部的间距不大于 300mm，见图 2-28。

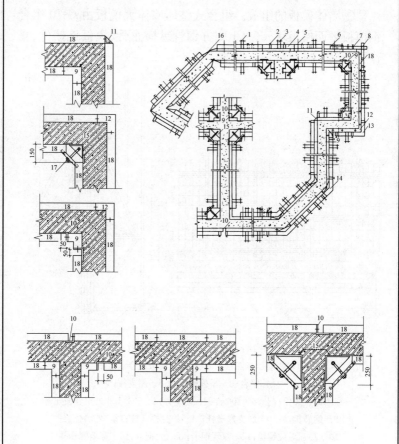

图 2-27 G-70 组合钢模板墙体模板配模示意图

1—双环钢卡;2—大钢卡;3—竖龙骨;4—横龙骨;5—穿墙螺栓;6—小钢卡;

7—φ48 钢管;8—马钢扣件;9—阴角模;10—L 型可调板;11—连接角钢;

12—阳角模;13—L 型龙骨;14—异形龙骨;15—可调阴角模;16—铰链角模;

17—钩头螺栓;18—平面模板

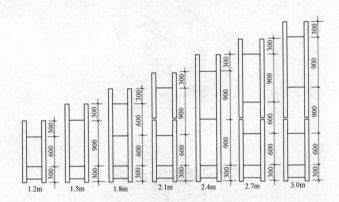

图 2-28　各种高度墙体模板拉杆布置示意图(混凝土侧压力 50kN/m²)

(4)早拆支撑体系楼(顶)板模板施工。

既能用于 G-70 组合钢模板,又能用于 55 型小钢模、竹(木)胶合板模板,见图 2-29。多功能早拆柱头适用于不同厚度的模板及不同高度的模板梁,见图 2-30。

①支模工艺。

a. 根据楼层标高初步调整好立柱的高度,并安装好早拆柱头板,将早拆柱头板托板升起,并用楔片楔紧,见图 2-31。

b. 根据模板设计平面布置图,按测量的控制线立第一根立柱。

c. 将第一榀模板主梁挂在第一根立柱上,见图 2-32(a)。

d. 将第二根立柱、早拆柱头板与第一根模板主梁挂好,按模板设计平面布置图将立柱就位,见图 2-32(b),并依次再挂上第一根模板主梁,然后用水平撑和连接件作临时固定。

e. 依次按照模板设计布置图完成第一个格构的立柱和模板梁的支设工作,当第一个格构完全架好后,随即安装模板块,见图 2-32(c)。

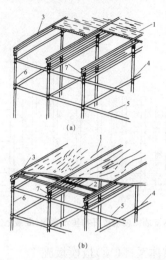

(a)

(b)

图 2-29 楼(顶)板模板早拆体系组合示意图

(a)用于 G-70 组合钢模板;(b)用于木(竹)胶合板面板

1—模板;2—次梁;3—主梁;4—碗扣接头;5—横杆;6—立杆;7—早拆柱头

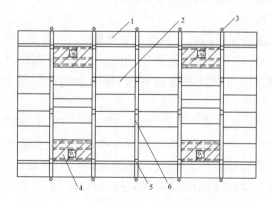

图 2-30 G-70 钢模板楼(顶)板模板的组合平面布置图

1—半宽模板块;2—全宽模板块;3—防护栏;

4—结构柱周围构造;5—早拆柱头板;6—模板支撑主梁

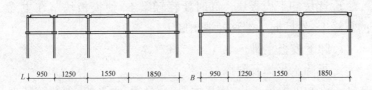

图 2-31　G-70 组合模板楼(顶)板模板支承结构示意图

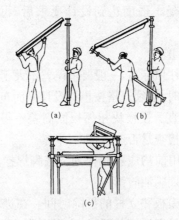

(a)

(b)

(c)

图 2-32　支模示意图

(a)立第一根立柱,挂第一根主梁;(b)立第二根立柱;

(c)完成第一格构,随即铺模板块

　　f. 依次架立其余的模板梁和立柱。

　　g. 根据模板主梁的长度,调整柱的位置,使立柱垂直,然后用水平尺调整全部模板的水平度。

　　h. 安装斜撑,将连接件逐个锁紧。

　　②拆模工艺。

　　a. 用锒头将早拆柱头板铁楔打下,落下托板,模板主梁随之落下。

　　b.逐块卸下模板块。卸时要轻轻敲击,使模板块落在主梁的翼缘上,然后向一端移开退出卸下。

　　c.卸下模板主梁。

　　d.拆除水平撑及斜撑。

　　e.将卸下的模板块、模板主梁、悬挑梁、水平撑、斜撑等整理码放好备用。

　　f.待楼板混凝土强度达到设计要求后,再拆除全部支撑立柱。

　　③施工注意事项。

　　a.严格控制柱顶标高,一般要求误差不大于±1mm。

　　b.模板安装时,必须严格按模板设计平面布置图就位施工,所有立柱必须垂直。模板块相邻板面高差不得超过 2mm。所有节点必须逐个检查是否连接牢固、卡紧。

　　c.模板块使用前均应刷脱模剂。底脚螺栓及接头使用后,应及时清理并定期刷油防锈。

　　d.严格控制模板和立柱的拆除时间。在进行模板设计时,为使模板能达到早期拆模的要求,应对混凝土楼板在有效支撑情况下的承载能力进行必要的验算,以便确定拆除模板块的时间。一般要求楼(顶)板混凝土达到设计强度 50％时方可拆模;立柱要求楼(顶)板混凝土达到设计强度的 75％以后,并保留有两层立柱支顶的情况下方可拆除。要严格建立模板和立柱的拆除申请和批准手续,防止盲目拆模。

　　e.模板在组装和拆运时,均应人工传递,要轻拿轻放,严禁摔、扔、敲、砸。

　　f.严格控制楼层荷载,施工用料要分散堆放。

　　g.在支撑过程中,必须先完成一个格构的水平支撑及斜撑安装,再逐渐向外扩展,以保持支撑系统的稳定性。

h.临时性的爬梯、脚手板,均应搭设牢固,在楼层边缘施工时,要设防护栏和安全网,以防摔人。

i.拆模时须在立柱的下层水平支撑上铺设脚手板,操作人员行走,不宜直接踩在水平支撑上操作。拆下的模板,必须及时码放在楼层上,以防坠落伤人。

3. GZ工具式早拆体系钢框胶合板模板

(1)GZB-90轻型组合模板。

①平面模板。GZB-90平面模板宽度分为200、300和600mm三种,其中600mm为标准块的宽度;常用的长度为1200、1500和1800mm三种。

模板钢框由2～2.5mm厚冷轧锰钢板轧制成型的边框、纵横肋焊接而成,见图2-33。

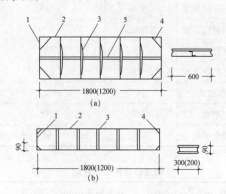

图2-33 90系列模板钢框

(a)标准块模板钢框;(b)小块模板钢框

1—短边框;2—长边框;3—横肋;4—加强角;5—纵肋

边框的高度为90mm,其上设有供组合用的销孔。

面板采用单片木面覆膜竹芯胶合板和竹编覆膜胶合板两

种。前一种是用竹片纵横交错组坯胶合成板,经定厚砂光后两面贴薄木单板及三聚氰胺浸渍纸胶压制而成,厚度为12mm,表面平整光洁,能满足清水混凝土模板的要求,周转使用为100次左右;后一种是用竹片编织后经层压组坯,双面覆膜,上胶压制而成,厚度为12mm,表面比较平整,周转使用次数为60次左右。

面板通过铝铆钉或自攻螺钉固定在模板钢框上。

模板块相互之间的组装连接,可采用模板销,见图2-34。

图 2-34　模板销

两种面板及标准模板的物理力学性能见表2-14、表2-15。

表2-14　　　　　　　　胶合板面板的力学性能

序号	项目	单位	单片木面覆膜竹芯胶合板	竹编覆膜胶合板
1	纵向弹性模量	N/mm^2	10000	9000
2	横向弹性模量	N/mm^2	7000	6000
3	纵向静曲强度	N/mm^2	98	85
4	横向静曲强度	N/mm^2	65	50
5	含水率	%	$\leqslant12$	$\leqslant10$
6	密度	t/m^3	0.95	1.0
7	胶合强度		水煮3h不开胶	

表2-15　　　　　　　　标准模板的力学性能

序号	模板尺寸/mm×mm×mm	支点距离/mm	容许承载力/(kN/m²)
1	600×1800×90	1800	15
2		1200	35
3		900	70
4		600	80

②角模。阴角模截面尺寸为 150mm×150mm×90mm,阳角模截面尺寸为 90mm×90mm,见图 2-35。常用的长度为 1200、1500、1800mm,其规格尺寸见表 2-16。角模材料为 2~2.5mm 厚冷轧锰钢板。

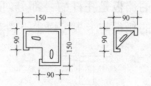

图 2-35 角模截面

(a)阴角模;(b)阳角模

表 2-16   角模规格尺寸

序号	代号	宽×高×长/mm×mm×mm	每块面积/m²	每块质量/kg
1	E1518	150×150×1800	0.54	16.56
2	E1515	150×150×1500	0.45	13.70
3	E1512	150×150×1200	0.36	10.85
4	Y0918	90×90×1800	—	5.98
5	Y0915	90×90×1500	—	5.00
6	Y0912	90×90×1200	—	4.03

注:代号说明

```
    E    15   18                      Y    09   18
阴角模 ┬   ┬   ┬               阳角模 ┬   ┬   ┬
       │   │   └ 代表长度              │   │   └ 代表长度
       │   └ 代表宽/高                 │   └ 代表宽/高
       └                              └
```

(2)GZT 多功能早拆托座。

早拆托座,亦称快拆托座,是实现早期拆模加快模板周转的专用部件。它既具有早期拆模的功能,又具有调节支承高度等功能,因此称为 GZT 多功能早拆托座。GZT 多功能早拆托座

有卡板式、销轴式和螺旋式三种,前两种采用较多。现以卡板式为例介绍如下:

①GZT 卡板式多功能早拆托座的构造,见图 2-36。其中托杆为圆柱状,采用 45 号或 Q235 圆钢加工制成,下部一段长度内带有螺纹,中部的挡板是托杆的一部分,顶端焊有顶板,安装在上、下挡板之间的托板与卡板可以上下滑动。

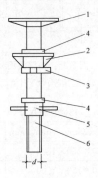

图 2-36 早拆托座
1—顶板;2—托板;3—卡板;4—挡板;5—螺母;6—托杆

②GZT 多功能早拆托座的规格,见表 2-17。

③GZT 多功能早拆托座的承载力为 75kN,安全系数为 2.0。

表 2-17 　　　　　　　　　　　　早拆托座规格

序号	代号	钢管外径 D/mm	托杆直径 d/mm	托座长度/mm	质量/kg
1	GZT38×400	48	38	400	4.8
2	GZT38×450	48	38	450	5.2
3	GZT38×550	48	38	550	6.0
4	GZT38×650	48	38	650	6.8
5	GZT38×750	48	38	750	7.6
6	GZT34×400	42	34	400	4.35

续表

序号	代号	钢管外径 D/mm	托杆直径 d/mm	托座长度/mm	质量/kg
7	GZT34×450	42	34	450	4.7
8	GZT34×550	42	34	550	5.4
9	GZT34×650	42	34	650	6.1
10	GZT34×750	42	34	750	6.8

(3)GZL 箱型支承梁。

模板支承梁是箱型结构,具有刚度大、承载力高、重量较轻的特点,它由上梁体、下梁体、梁体加强筋与梁头支承构成,见图2-37。

图 2-38 是悬臂支承梁,由梁体及钢管组焊而成,长度有300、450mm 两种。

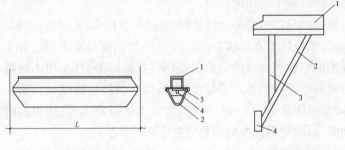

图 2-37　模板支承梁

1—上梁体;2—下梁体;

3—加强筋;4—梁头支承

图 2-38　悬臂支承梁

1—梁体;2—斜杆;

3—直杆;4—底杆

梁体由 2.0mm 厚冷轧钢板冷弯成型后组焊而成,其规格见表 2-18。

表 2-18　　　　　　　　　　　　　梁体规格

序号	代号	长度/mm	质量/kg
1	L1800	1800	17.0
2	L1500	1500	14.2
3	L1200	1200	11.5

（4）GZ 工具式早拆支模体系的早拆原理。

早拆支模体系是指先拆模板和支承梁，后拆门架。根据《混凝土结构工程施工质量验收规范》（GB 50204—2015）的规定，当板的跨度小于或等于 2m 时，可按混凝土强度达到设计强度的 50%拆模。早拆支模体系就是按照规范的要求，在门架立柱间距最大为 1.9m 的情况下，利用早拆装置先将支承梁和模板拆除，以加快模板和支承梁的周转使用，减少其一次性投入，从而达到降低施工费用的目的。

模板的早拆一般是通过早拆托座（早拆柱头）实现的。图 2-39（a）为模板处于支承状态，图 2-39（b）为模板与支承梁随着早拆托座的卡板和托板的降落而脱落。托板降落前，先用小锤敲击卡板的一端并使其水平错位移动，这样使托板降落到挡板上面，降落的距离约 100mm。模板和支承梁随着卡、托板的降落而降落，而早拆托座的顶板仍处于支承状态。

（5）施工准备。

①根据工程结构设计图进行配模设计，待配模设计确定后绘制模板工程施工图，对模板、支撑的刚度和强度进行验算，计算出所用模板和支撑的规格与数量。

②根据所需模板、支撑的规格数量组织货源进场。

③做好模板工程施工所需的装拆用具，如模板小车、小锤、力矩扳手等。

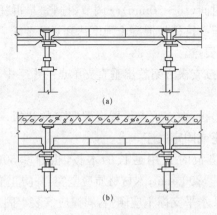

图 2-39 模板早拆原理

(a)支承状态;(b)早拆做法

④制定确保质量和安全施工等有关措施。

(6)工艺流程。

放线 → 放置固定托座或可调托座 → 安装底层门架 → 安装底层斜拉杆 →

安装连接棒与自锁销钩 → 架设水平架 → 安装上层门架(或调节架,加宽架) →

安装多功能早拆托座 → 安装模板支承梁 → 安放模板 → 模板工程验收

→ 刷脱模剂

①早拆工艺:早拆工艺是指模板早期拆除的工序,其流程是:

用小锤敲击早拆托座的卡板→卡板、托板下落至挡板→支承梁下落至托板上→拆除模板→拆除支承梁→拆除部分斜拉杆与水平架→清理模板和支承梁→模板与支承梁等运至上层或下一个流水段进行使用。

②二次顶撑工艺:采用多功能早拆托座,可以在支撑系统原封不动的情况下实现二次顶撑技术,其工艺流程是:

调节(松动)早拆托座的螺母,使顶板离开楼板 10～20mm

→停留一段时间(10～20min)→调节(拧紧)早拆托座的螺母使顶板顶紧楼板→待楼板混凝土强度达到规范要求后再拆除支撑

(7)工艺要点。

①放线:按支模方案放出垂直支承点的十字中心线,且有明显标记。

②设置垫板:在支承点位置设置坚实的垫板。一般应采用钢制可调底座或固定底座。

如用木垫板时宜用通长的木板,板厚≥50mm,宽度≥100mm,长度≥2000mm;木材材质应坚实,并防止泡水。

③垂直及水平支撑不应倾斜,斜撑应安装牢固,如配套使用其他门架作为支模架时,其门架质量必须完好,有缺陷的不应使用。

④使用早拆托座要注意两点:一是托座上的卡板支模时应锁紧,二是靠近梁模的部位应注意卡板的方向,以利于拆模。拆模时,用铁锤捶击卡板的凸端使其水平错位下降。

⑤支模时支承梁应在同一中心线上,相邻两行支承梁中心线应平行。

⑥模板相互间要铺平锁紧,梁底模侧模之间的模板销子必须全部锁好。

⑦为提高支模的效率和质量,梁柱节点宜制作非标准定型节点模板。

⑧绑扎钢筋前,必须均匀涂刷脱模剂,干燥前应避免践踏损坏。

⑨拆除垂直支撑时应防止门架支撑冲砸地板。

(8)施工注意事项。

①放线前应检查地基是否平整、坚实,对于首层还应做好排水设施,以防地基下沉。

②当底部为固定托座时,支撑高度的调平是利用早拆托座上的螺母进行调节的,故应在支模前计算好微调量,并在安装前调好。

当底部是可调托座时,同样要在支模前计算好底部和上部的调节高度,均应在安装前调好。对于较大的跨度,应计算模板起拱量。

支撑高度的调节应在支模过程中及时检查,与支模交替进行。

③早期拆除模板和支承梁的时间,应在楼板混凝土强度达到规范要求时进行,一般常温浇筑混凝土后 3d 左右就可拆模。

④二次顶撑操作,一般应分为小区段顺次进行,区段要适中,不宜太大。操作时,要使用力矩扳手,确保螺母的拧紧程度一致。

⑤上下层立柱应对齐,并在同一个轴线上。

⑥模板与支撑的安装、拆除,要有专人统一指挥,按工艺顺序进行。装拆模板时要轻装轻卸,堆放有序。同时要做好模板清理工作。

⑦及时做好混凝土强度的测试工作,确保在混凝土强度达到拆模要求时,方可拆模。

(9)GZ 早拆支模体系的安全措施。

除遵照有关法规和规程外,还应做到:

①在实施早拆支模技术中,涉及安全问题的主要有两点:

a. 在支模时,要将 GZT 早拆托座上的卡板卡牢锁紧,以确保其上的托座板、模板支承梁和模板在施工中的安全支承。所以,在完成支模工艺等工序后和绑扎钢筋前,要进行安全检查。

b. 在拆模时,即在早期拆模板时要保证垂直支撑在高度方向不能松动,防止早拆托座的顶板下降,拆模过程中严禁松动螺母。

②支模时,由于相邻的 GZL 模板支承梁之间未设置联结装置,如果工人站立其上易产生晃动甚至会出现跌落情况(一旦安装上模板就会成为稳定的整体),为保证安全支模(尤其是在安装第一块模板时),宜在支承梁上搭设脚手板,站在脚手板上操作。

③垂直系统中的水平架,既是门架支撑中的水平支撑,又是支模、拆模时的操作架,因此要架设牢固。如果不设水平架,用水平钢管替代时,在支模拆模时宜搭设脚手板进行安全操作。

④拆模时,当用小锤捶击卡板时,上面的托座板、支承梁等将会随之下降,为防止其上的装置突然跌落在地上,在捶击卡板时应临时托扶模板支承梁使它随托座板的下降而缓慢下降并降落在托座板上。

⑤在支模拆模以及运输中,对模具料具要爱护,要文明操作,轻拿轻放,严防抛扔。为此,一方面要进行教育工作,另一方面要实行经济责任制管理或其他行之有效的措施。

三、工具式模板

1. 大模板

大模板由板面结构、支撑系统和操作平台以及附件组成,见图 2-40。

(1)面板材料。

①整块钢面板。一般用 4～6mm(以 6mm 为宜)钢板拼焊而成。这种面板具有良好的强度和刚度,能承受较大的混凝土侧压力及其他施工荷载,重复利用率高,一般周转次数在 200 次以上。另外,由于钢板面平整光洁,耐磨性好,易于清理,这些均有利于提高混凝土表面的质量。缺点是耗钢量大,重量大

（40kg/m²），易生锈，不保温，损坏后不易修复。

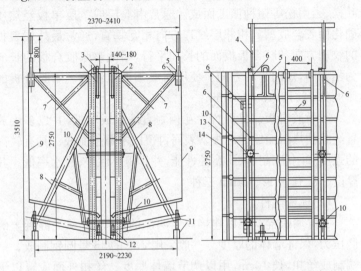

图 2-40 组合式大模板的构造

1—反向模板；2—正向模板；3—上口卡板；4—活动护身栏；

5—爬梯横担；6—连接螺栓；7—操作平台三角挂架；

8—三角支撑架；9—铁爬梯；10—穿墙螺栓；11—地脚螺栓；

12—板面地脚螺栓；13—反活动角模；14—正活动角模

②组合式钢模板组拼成面板。这种面板主要采用 55 型组合钢模板组拼，虽然亦具有一定的强度和刚度，耐磨及自重较整块钢板面要轻（35kg/m²），能做到一模多用等优点，但拼缝较多，整体性差，周转使用次数不如整块钢板面多，在墙面质量要求不严的情况下可以采用。采用中型组合钢模板拼削而成的大模板，拼缝较少。

③胶合板面板。

a. 木胶合板。模板用木胶合板属于具有耐候、耐水的Ⅰ类胶合板,其胶粘剂为酚醛树脂胶,主要用柳安、桦木、马尾松、落叶松、云南松等树种加工而成。通常由 5 层或 7 层单板经热压固化而胶合成型。相邻层纹理方向相互垂直,通常最外层表板的纹理方向和胶合板板面的长向平行,因此整张胶合板的长向为强方向,短向为弱方向。使用时必须加以注意。木胶合板的厚度为 12、15、18 和 21mm。

b. 竹胶合板。是以竹片互相垂直编织成单板,并以多层放置经胶粘热压而成的芯板。表面再覆以木单板而成。具有较高的强度和刚度、耐磨、耐腐蚀性能,并且阻燃性好、吸水率低。其厚度一般有 9、12、15mm 三种。

(2)模板配件。

①穿墙螺栓。用以连接固定两侧的大模板,承受混凝土的侧压力,保证墙体的厚度。一般采用 φ30 的 45 号圆钢制成。一端制成丝扣,长 10cm,用以调节墙体厚度。丝扣外面应罩以钢套管,防止落入水泥浆,影响使用。另一端采用钢销和键槽固定,见图 2-41。

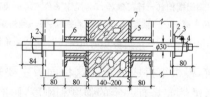

图 2-41　穿墙螺栓连接构造

1—螺母;2—垫板;3—板销;4—螺杆;5—套管;6—钢板撑管;7—横板

为了能使穿墙螺栓重复使用,防止混凝土粘结穿墙螺栓,并保证墙体厚度。螺栓应套以与墙厚相同的塑料套管。拆模后,将塑料套管剔出周转使用

②上口铁卡子。主要用于固定模板上部。模板上部要焊上

卡子支座,施工时将上口铁卡子安入支座内固定。铁卡子应多刻几道刻槽,以适应不同厚度的墙体,见图 2-42。

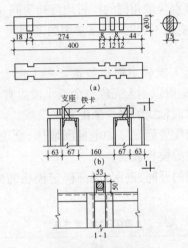

图 2-42　铁卡子与支座大样

(a)铁卡子大样;(b)支座

③楼梯间支模平台。由于楼梯段两端的休息平台标高相差约半层,为了解决大模板的立足支设问题,可采用楼梯间支模平台,见图 2-43,使大模板的一端支设在楼层平台板上,另一端则放置在楼梯间支模平台上。楼梯间支模平台的高度视两端休息平台的高度确定。

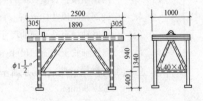

图 2-43　楼梯间支模架

（3）大模板的配制。

①按建筑平面确定模板型号。根据建筑平面和轴线尺寸，凡外形尺寸和节点构造相同的模板均可列为同一型号。当节点相同，外形尺寸变化不大时，则以常用的开间尺寸为基准模板，另配模板条。

②按流水施工段确定模板数量。为了便于大模板周转使用，常温情况下一般以一天完成一个流水段为宜。所以，必须根据一个施工流水段轴线的多少来配置大模板。同时还必须考虑特殊部位的模板配置问题。如电梯间墙体、全现浇筑工程中山墙和伸缩缝部位的模板数量。

③根据房间的开间、进深、层高确定模板的外形尺寸，计算方法见表 2-19。

表 2-19　　　　　　　　　　　大模板尺寸计算方法

项目	计算公式	
模板高度	$H = h - h_1 - C_1$	式中　H——模板高度(mm)； 　　　　h——楼层高度(mm)； 　　　　h_1——楼板厚度(mm)； 　　　　C_1——余量，考虑到模板找平层砂浆厚度及模板安装不平等因素而采用的一个常数，通常取 20～30mm
内横墙模板的长度	$L = L_1 - L_2 - L_3 - C_2$	式中　L——内横墙模板长度(mm)； 　　　　L_1——进深轴线尺寸(mm)； 　　　　L_2——外墙轴线至外墙面的尺寸(mm)； 　　　　L_3——内墙轴线至墙面的尺寸(mm)； 　　　　C_2——为拆模方便，外端设置一角模，其宽度通常取 50mm

项目	计算公式
纵墙模板长度	$B=b_1-b_2-b_3-C_3$ 式中　B——纵墙模板长度(mm)； b_1——开间轴线尺寸(mm)； b_2——内横墙厚度(mm)。端部纵横墙模板设计时，此尺寸为内横墙厚度的1/2加外轴线到内墙皮的尺寸。 b_3——横墙模板厚度×2(mm)； C_3——模板搭接余量，为使模板能适应不同的墙体厚度，故取一个常数，通常取20mm

(4)施工流水段的划分。

根据多年来的实践经验，各种不同结构类型的大模板工程，其结构施工的分段流水作业方法，可参见表 2-20。

表 2-20 　　　　　　　　大模板工程流水分段参考表

大模板工程		流水分段说明
内浇外砌多层建筑		可以单栋自身流水，也可以相邻二栋大流水。每次流水的单元不应少于 4 个，可以根据单元的数量分为 4～8 个流水段，每天完成 4～5 个开间的结构。流水段开始时，要先砌好 1～2 段的外墙，然后插入大模板施工
小开间	板式高层建筑	由于标准层面积较大，一般可进行单栋流水作业，故可以： 1. 每层一般划分 4～6 个流水段，每段 5 个开间，配备 1 台塔式起重机，4～6d 完成一层； 2. 长板楼每层可以先划分几个大流水段，每个大段内再划分几个流水段，每个大段配备 1 台塔式起重机，实行多段平行流水作业
	塔式高层建筑	如为单栋布置，则每层分 3～4 个流水段，每 3～4d 完成一层。如两栋相邻布置，宜采用两栋流水，共分 4～6 段施工，每 4～6d 完成两栋的一层

大模板工程		流水分段说明
大开间	板式高层建筑	每层划分 4～6 个流水段,每段两个开间,5～7d 完成一层。如每层超过 12 间,则可 3 个(或 3 个以上)开间为一个流水段
	塔式高层建筑	宜实行双栋同时施工,每栋分为 2～3 个流水段,进行流水作业
	无粘结预应力板墙结构	由于楼板施工必须按栋进行,故宜实行两栋大流水作业。墙体施工流水段的划分,可参照上述方法分段施工

(5)内墙大模板安装和拆除。

①大模板运到现场后,要清点数量,核对型号。清除表面锈蚀和焊渣,板面拼缝处要用环氧树脂腻子嵌缝。背面涂刷防锈漆,并用醒目字体注明编号,以便安装时对号入座。

大模板的三角挂架、平台、护身栏以及背面的工具箱,必须经全部检查合格后,方可组装就位。对模板的自稳角要进行调试,检测地脚螺栓是否灵便。

②大模板安装前,应将安装处的楼面清理干净。为防止模板缝隙偏大出现漏浆,一般可采取在模板下部抹找平层砂浆,待砂浆凝固后再安装模板;或在墙体部位用专用模具,先浇筑高 5～10cm 的混凝土导墙,然后再安装模板。

③安装模板时,应按顺序吊装就位。先安装横墙一侧的模板,靠吊垂直后,放入穿墙螺栓和塑料套管,然后安装另一侧的模板,并经靠吊垂直后才能旋紧穿墙螺栓。横墙模板安装完毕后,再安装纵墙模板。墙体的厚度主要靠塑料套管和导墙来控制。因此塑料套管的长度必须和墙体厚度一致。

④靠吊模板的垂直度,可采用 2m 长双"十"字靠尺检查,见图 2-44。如板面不垂直或横向不水平时,必须通过支撑架地脚

螺栓或模板下部地脚螺栓进行调整。

大模板的横向必须水平,不平时可用模板下部的地脚螺栓调平。

⑤大模板安装后,如底部仍有空隙,应用水泥纸袋或木条塞紧,以防漏浆。但不可将其塞入墙体内,以免影响墙体的断面尺寸。

图 2-44　双十字靠尺

⑥楼梯间墙体模板的安装,可采用楼梯间支模平台方法。为了解决好上下墙体接槎处不漏浆,可采用以下两种方法。

a. 把圈梁模板与墙体大模板连接为一体,同时施工。做法:针对圈梁高 13cm,把 1 根 24 号槽钢切割成 140mm 和 100mm 高两根,长度依据楼梯休息平台到外墙的净空尺寸下料。然后将切割的槽钢搭接 30mm 对焊在一起。在槽钢下侧打孔,用 φ6 螺栓和 3×50 的扁钢固定两道"b"字形橡皮条,见图 2-45(a)。在圈梁槽钢模板与楼梯平台相交处,根据平台板的形状做成企口,并留出 20mm 空隙,以便于支拆模板,见图 2-45(b)。

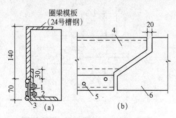

图 2-45　楼梯间圈梁模板做法之一

(a)圈梁模板断面;(b)圈梁模板与楼梯间平台相交处做法

1—压胶条的扁钢 3×50;2—φ6 螺栓;3—"b"形橡胶条;

4—用∟24 槽钢改制的圈梁模板,长度按楼梯段决定;

5—φ6.5 螺孔,间距 150;6—楼梯平台板

圈梁模板要与大模板用螺栓连接固定在一起。其缝隙应用环氧树脂腻子嵌平。

b. 直接用 20 号或 16 号槽钢与大模板连接固定,槽钢外侧用扁钢固定"b"形橡皮条,见图 2-46。

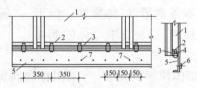

图 2-46　楼梯间圈梁模板做法之二

1—大模板;2—连接螺栓(18);3—螺母垫;

4—模板角钢;5—圈梁模板(匚20 或匚16);

6—橡皮条压板(3mm×30mm);7—橡皮条连接螺孔

楼梯间墙模板支设,要注意直接引测轴线,保证放线精度。先安装一侧模板,并将圈梁模板与下层墙体贴紧,靠吊垂直后,用 100mm×100mm 的木方撑牢,见图 2-47。

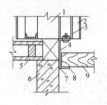

图 2-47　楼梯间墙支模示意图

1—上层墙体;2—大模板;3—连接螺栓;4—圈梁;5—圆孔楼板;

6—下层墙体;7—橡皮条;8—圈梁模板;9—木横撑

⑦大模板连接固定圈梁模板后,与后支架高低不一致。为保证安全,可在地脚螺栓下部嵌 100mm 高垫木,以保持大模板的稳定,防止倾倒伤人。

(6)外墙大模板安装和拆除。

①施工时要弹好模板的安装位置线,保证模板就位准确。安装外墙大模板时,要注意上下楼层和相邻模板的平整度和垂直。要利用外墙大模板的硬塑料条压紧下层外墙,防止漏浆。并用倒链和钢丝绳将外墙大模板与内墙拉接固定,严防振捣混凝土时模板发生位移。

②为了保证外墙面上、下层平整一致,还可以采用"导墙"的做法。即将外墙大模板加高(视现浇楼板厚度而定),使下层的墙体作为上层大模板的导墙,在导墙与大模板之间,用泡沫条填塞,防止漏浆,可以做到上下层墙体平整一致,见图2-48。

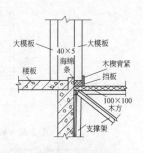

图2-48 大模板底部导墙支模图

③外墙后施工时,在内横墙端部要留好连接钢筋,做好堵头模板的连接固定。

④如果外墙采用装饰混凝土,拆模时不能沿用传统的方法。可在外侧模板后支架的下部,安装与墙面垂直的滑动轨道,见图2-49,使模板做前后和左右移动。每根轨道上均有顶丝,模板就位后用顶丝将地脚顶住,防止前后移动。滑动轨道两端滚轴位置的下部,各设1个轨枕,内装与轨道滚动轴承方向垂直的滚动轴承。轨道坐落在滚动轴承上,可左右移动。滑动轨道与模板地脚连接。通过模板后支架与模板同时安装和拆除。这样,在拆除外侧模板时,可以先水平向外移动一段距离,使大模板与墙面脱离,防止因拆模碰坏装饰混凝土。

(7)施工安全要求。

①大模板的存放应满足自稳角的要求,并采取面对面存放。

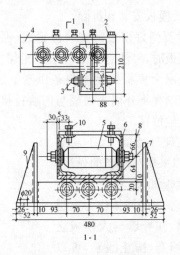

图 2-49 模板滑动轨道及轨枕滚轴

1—支架;2—端板;3、8—轴棍;4—活动装置骨架;

5、7—轴滚;6—垫板;9—加强板;10—螺栓顶丝

长期存放模板,应将模板连成整体。

没有支架或自稳角不足的大模板,要存放在专用的插放架上,或平卧堆放,不得靠在其他物体上,防止滑移倾倒。

在楼层内存放大模板时,必须采取可靠的防倾倒措施。遇有大风天气,应将大模板与建筑物固定。

②大模板必须有操作平台、上人梯道、防护栏杆等附属设施,如有损坏应及时补修。

③大模板起吊前,应将吊装机械位置调整适当,稳起稳落,就位准确,严禁大幅度摆动。

④大模板安装就位后,应及时用穿墙螺栓、花篮螺栓将全部模板连接成整体,防止倾倒。

⑤全现浇大模板工程在安装外墙外侧模板时,必须确保三

角挂架、平台或爬模提升架安装牢固。外侧模板安装后,应立即穿好销杆,紧周螺栓。安装外侧模板、提升架及三角挂架的操作人员必须挂好安全带。

⑥模板安装就位后,要采取防止触电保护措施,将大模板串联起来。并同避雷网接通,防止漏电伤人。

⑦大模板组装或拆除时,指挥和操作人员必须站在安全可靠的地方,防止意外伤人。

⑧模板拆模起吊前,应检查所有穿墙螺栓是否全都拆除。在确无遗漏,模板与墙体完全脱离后,方准起吊。拆除外墙模板时,应先挂好吊钩,绷紧吊索,门、窗洞口模板拆除后,再行起吊。待起吊高度越过障碍物后,方准行车转臂。

⑨大模板拆除后,要加以临时固定,面对面放置,中间留出60cm宽的人行道,以便清理和涂刷脱模剂。

⑩提升架及外模板拆除时,必须检查全部附墙连接件是否拆除。操作人员必须挂好安全带。

⑪筒形模可用拖车整体运输,也可拆成平板用拖车重叠放置运输。平板重叠放置时,垫木必须上下对齐,绑扎牢固

2. 滑升模板(爬模)

(1)滑动模板原理及特点。

滑动模板是随着混凝土的浇筑而沿结构或构件表面向上垂直移动的模板。用滑升模板浇筑混凝土的施工方法,简称滑模施工。施工时,在建筑物或构筑物的底部,按照建筑物或构筑物平面,沿其结构周边安装高1.2m左右的模板和操作平台,随着向模板内不断分层浇筑混凝土,利用液压提升设备不断使模板向上滑升,使结构连续成型,逐步完成建筑物或构筑物的混凝土浇筑工作。

①特点。滑模施工的特点是将模板一次组装好,一直到施工完毕,中途一般不再变化。因此,要求滑模基本构件的组装工作,一定要认真、细致,严格地按照设计要求及有关操作技术规定进行。否则,将给施工中带来很多困难,甚至影响工程质量。

②适用范围。

a.筒壁结构。包括烟囱、造粒塔、水塔、筒仓、油罐、竖井壁等。

b.框架结构。包括现浇框架及排架、柱等。

c.墙板结构。包括剪力墙及高层房屋建筑。

③优缺点。采用液压滑升模板可大量节约模板,节省劳动力,减轻劳动强度,降低工程成本,加快施工进度,提高了施工机械化程度。但液压滑升模板耗钢量大,一次投资费用较多。

④组成。滑模装置主要由模板系统、操作平台系统、液压系统以及施工精度控制系统和水,电配套系统等部分组成,见图 2-50。

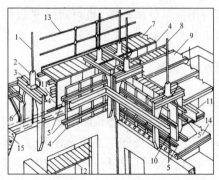

图 2-50　滑模装置示意图

1—支承杆;2—液压千斤顶;3—提升架;4—模板;5—围圈;6—外挑三角架;
7—外挑操作平台;8—固定操作平台;9—活动操作平台;10—内围梁;
11—外围梁;12—吊脚手架;13—栏杆;14—楼板;15—混凝土墙体

　　施工精度控制系统主要包括：提升设备本身的限位调平装置、滑模装置在施工中的水平度和垂直度的观测和调整控制设施等。

　　水、电配套系统包括动力、照明、信号、广播、通信、电视监控以及水泵、管路设施等。

　　(2)模板系统。

　　①模板。模板又称作围板，依赖围圈带动其沿混凝土的表面向上滑动。模板的主要作用是承受混凝土的侧压力、冲击力和滑升时的摩阻力，并使混凝土按设计要求的截面形状成型。模板按其所在部位及作用不同，可分为内模板、外模板、堵头模板以及变截面工程的收分模板等。

　　图 2-51 为一般墙体钢模板，也可采用组合模板改装。当施工对象的墙体尺寸变化不大时，宜采用围圈与模板组合成一体的"围圈组合大模板"，见图 2-52。图 2-53 为烟囱钢模板，主要用于圆锥形变截面工程。

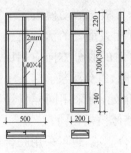

图 2-51　一般墙体钢模板

图 2-52　围圈组合大模板

1—4mm 厚钢板；2—6mm 厚、
80mm 宽肋板；3—8 号槽钢上围圈；
4—8 号槽钢下围圈

　　烟囱等圆锥形变截面工程，模板在滑升过程中，要按照设计要求的斜度及壁厚，不断调整内外模板的直径，使收分模板与活

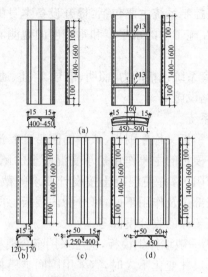

图 2-53　烟囱钢模板

(a)内外固定模板；(b)内外活动模板；(c)单侧收分模板；(d)双侧收分模板

动模板的重叠部分逐渐增加，当收分模板与活动模板完全重叠且其边缘与另一块模板搭接时，即可拆去重叠的活动模板。收分模板必须沿圆周对称成双布置，每对的收分方向应相反。收分模板的搭接边必须严密，不得有间隙，以免漏浆。

墙板结构与框架结构柱的阴阳角处，宜采用同样材料制成的角模。角模的上下口倾斜度应与墙体模板相同。

模板可采用钢材、木材或钢木混合制成；也可采用胶合板等其他材料制成。

②围圈。围圈又称作围檩，其主要作用是使模板保持组装的平面形状，并将模板与提升架连接成一个整体。围圈在工作时，承受由模板传递来的混凝土侧压力、冲击力和风荷载等水平荷载及滑升时的摩阻力，作用于操作平台上的静荷载和施工荷

载等竖向荷载,并将其传递到提升架、千斤顶和支承杆上。

在每侧模板的背后,按建筑物所需要的结构形状,通常设置上下各一道闭合式围圈,其间距一般为 450~750mm。围圈应有一定的强度和刚度,其截面应根据荷载大小由计算确定。围圈构造见图 2-54。

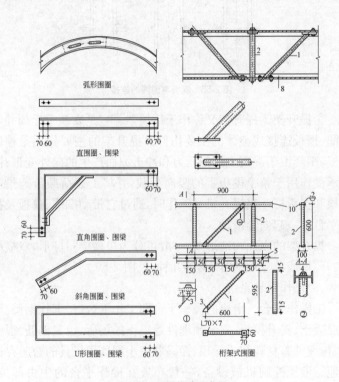

弧形围圈

直围圈、围梁

直角围圈、围梁

斜角围圈、围梁

U形围圈、围梁

桁架式围圈

图 2-54 围圈构造示意图

1—斜腹杆(φ48×3.5);2—竖腹杆(φ48×3.5);

3—肋板;4—M18 螺栓;5—φ19 螺孔

模板与围圈的连接,一般采用挂在围圈上的方式,当采用横卧工字钢作围圈时,可用双爪钩将模板与围圈钩牢,并用顶紧螺栓调节位置,见图2-55。

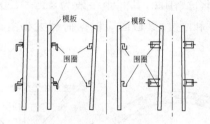

图 2-55 模板与围圈的连接

③提升架。提升架又称作千斤顶架。它是安装千斤顶并与围圈、模板连接成整体的主要构件。提升架的主要作用是控制模板、围圈由于混凝土的侧压力和冲击力而产生的向外变形;同时承受作用于整个模板上的竖向荷载,并将上述荷载传递给千斤顶和支承杆。当提升机具工作时,通过它带动围圈、模板及操作平台等一起向上滑动。

提升架的立面构造形式,一般可分为单横梁"Π"形,双横梁的"开"形或单立柱的"Γ"形等几种,见图2-56。

(3)操作平台系统。

①操作平台。滑模的操作平台即工作平台,是绑扎钢筋、浇筑混凝土、提升模板、安装预埋件等工作的场所,也是钢筋、混凝土、预埋件等材料和千斤顶、振捣器等小型备用机具的暂时存放场地。液压控制机械设备,一般布置在操作平台的中央部位。有时还利用操作平台架设垂直运输机械设备,也可利用操作平台作为现浇混凝土顶盖的模板。

按结构平面形状的不同,操作平台的平面可组装成矩形、圆形等各种形状,见图2-57、图2-58。

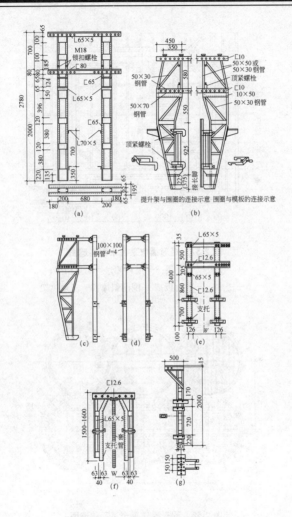

图 2-56 提升架立面构造图

(a)开形提升架;(b)钳形提升架;(c)转角处提升架;
(d)十字交叉处提升架;(e)变截面提升架;(f)冂形提升架;(g)Γ形提升架

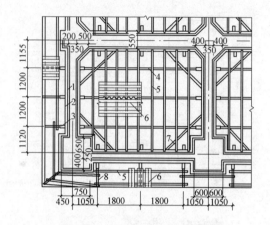

图 2-57　矩形操作平台平面构造图

1—模板；2—围圈；3—提升架；4—承重桁架；

5—楞木；6—平台板；7—围圈斜撑；8—三角挑架

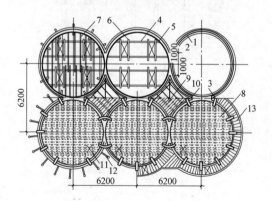

图 2-58　圆形操作平台平面构造图

1—模板；2—围圈；3—提升架；4—平台桁架；5—桁架支托；

6—桁架支撑；7—楞木；8—平台板 19—星仓平台板；

10—千斤顶；11—人孔；12—三角挑架；13—外挑平台

②吊脚手架。吊脚手架又称下辅助平台或吊架。主要用于检查混凝土的质量、模板的检修和拆卸、混凝土表面修饰和浇水养护等工作。根据安装部位的不同,一般分为内、外两种吊脚手架。内吊脚手架可挂在提升架和操作平台的桁架上,外吊脚手架可挂在提升架和外挑三角架上,见图2-59。

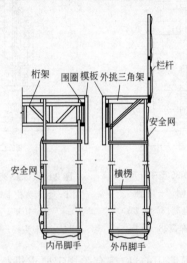

图 2-59 吊脚手架

吊脚手架铺板的宽度,宜为 500～800mm,钢吊杆的直径不应小于16mm,吊杆螺栓必须采用双螺母。吊脚手架的外侧必须设置安全防护栏杆,并应满挂安全网。

③液压千斤顶。液压千斤顶又称穿心式液压千斤顶或爬升器。其中心穿支承杆,在周期式的液压动力作用下,千斤顶可沿支承杆做爬升动作,以带动提升架、操作平台和模板随之一起上升。

目前国内生产的滑模液压千斤顶型号主要有滚珠卡具

GYD-35型(图2-60)、GSD-35型(图2-61)、GYD-60型和楔块卡具QYD-35型、QYD-60型、QYD-100型、松卡式SQD-90-35型和混合式QGYD-60型等型号,额定起重量为30~100kN。其主要技术参数如下图。

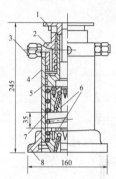 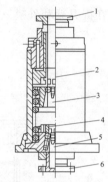

图2-60 GYD-35型千斤顶
1—行程调节帽;2—缸盖;
3—油嘴;4—缸筒;5—活塞;
6—卡头;7—弹簧;8—底座

图2-61 GSD-35型松卡式千斤顶
1—上卡头松卡螺旋;2—上压筒;
3—上卡头;4—下压筒;
5—下卡头;6—下卡头松卡螺旋

液压千斤顶使用前,应按有关规定要求进行检验,合格后方可使用。

(4)滑模装置设计的主要内容。

①绘制滑模初滑结构平面图及中间结构变化平面图。

②确定模板、围圈、提升架及操作平台的布置,进行各类部件和节点设计,提出规格和数量;当采用滑框倒模时,应专门进行模板与"滑轨"的构造设计。

③确定液压千斤顶、油路及液压控制台的布置,提出规格和数量。

④制定施工精度控制措施,提出设备仪器的规格和数量。

⑤进行特殊部位处理及特殊措施(附着在操作平台上的垂直和水平运输装置等)的布置与设计。

⑥绘制滑模装置的组装图,提出材料、设备、构件一览表。

(5)千斤顶的布置原则。

千斤顶的布置应使千斤顶受力均衡,布置方式应符合下列规定:

①筒壁结构宜沿筒壁均匀布置或成组等间距布置。

②框架结构宜集中布置在柱子上,当成串布置千斤顶或在梁上布置千斤顶时,必须对其支承杆进行加固;当选用大吨位千斤顶时,支承杆也可布置在柱、梁的体外,但应对支承杆进行加固。

③墙板结构宜沿墙体布置,并应避开门、窗洞口;洞口部位必须布置千斤顶时,支承杆应进行加固。

④平台上设有固定的较大荷载时应按实际荷载增加千斤顶数量。

(6)提升架的布置原则。

提升架的布置应与千斤顶的位置相适应。其间距应根据结构部位的实际情况、千斤顶和支承杆允许承载能力以及模板和围圈的刚度确定。

(7)操作平台的设计原则。

操作平台结构必须保证足够强度、刚度和稳定性。其结构布置宜采用下列形式:

①连续变截面筒壁结构可采用辐射梁、内外环梁以及下拉环和拉杆(或随升井架和斜撑)等组成的操作平台。

②等截面筒壁结构可采用桁架(平行或井字形布置)、小梁和支撑等组成操作平台,或采用挑三角架、中心环、拉杆及支撑等组成的环形操作平台。

③框架、墙板结构可采用桁架、梁与支撑组成桁架式操作平台，或采用桁架和带边框的活动平台板组成可拆装的围梁式活动操作平台。

④柱子或排架的操作平台，可将若干个柱子的围圈、柱间桁架组成整体稳定结构。

(8)水、电系统。

水、电系统的选配应符合下列规定：

①动力及照明用电、通讯与信号的设置均应符合现行的《液压滑动模板施工安全技术规程》(JGJ 65)的规定。

②电源线的规格选用应根据平台上全部电器设备总功率计算确定，其长度应大于从地面起滑开始到滑模终止所需的高度再增加 10m。

③平台上的总配电箱、分区配电箱均应设置漏电保护器，配电箱中的插座规格、数量应能满足施工设备的需要。

④平台上的照明应满足夜间施工所需的照度要求，吊脚手架上及便携式的照明灯具，其电压不应高于 36V。

⑤通讯联络设施应保证声光信号准确、统一、清楚，不扰民。

⑥电视监控应能监视全面、局部和关键部位。

⑦向操作平台上供水的水泵和管路，其扬程和供水量应能满足滑模施工高度、施工用水及局部消防的需要。

(9)滑模装置的组装。

滑模装置组装前，应做好各组装部件编号、操作基准水平、弹出组装线，做好墙、柱标准垫层及有关的预埋铁件等工作。

①安装提升架。所有提升架的标高应满足操作平台水平度的要求，对带有辐射梁或辐射桁架的操作平台，应同时安装辐射梁或辐射桁架及其环梁。

②安装内外围圈、调整其位置，使其满足模板倾斜度正确和

对称的要求。

　　③绑扎竖向钢筋和提升架横梁以下钢筋,安设预埋件及预留孔洞的胎模,对体内工具式支承杆套管下端进行包扎。

　　④当采用滑框倒模法时,安装框架式滑轨,并调整倾斜度。

　　⑤安装模板,宜先安装角模后再安装其他模板。

　　⑥安装操作平台的桁架、支撑和平台铺板。

　　⑦安装外操作平台的支架、铺板和安全栏杆等。

　　⑧安装液压提升系统、垂直运输系统及水、电、通讯、信号精度控制和观测装置,并分别进行编号、检查和试验。

　　⑨在液压系统试验合格后,插入支承杆。

　　⑩安装内外吊脚手架及挂安全网,当在地面或横向结构面上组装滑模装置时,应待模板滑至适当高度后,再安装内外吊脚手架,挂安全网。

　　⑪安装好的模板应上口小,下口大,单面倾斜度宜为模板高度的 0.1%～0.3%,对带坡度的筒壁结构如烟囱等,其模板倾斜度应根据结构坡度情况适当调整。

　　⑫模板上口以下 2/3 模板高度处的净间距应与结构设计截面等宽。

　　⑬圆形连续变截面结构的收分模板必须沿圆周对称布置,每对的收分方向应相反,收分模板的搭接处不得漏浆。

　　(10)液压系统组装。

　　液压系统组装完毕,应在插入支承杆前进行试验和检查,并符合下列规定:

　　①对千斤顶逐一进行排气,并做到排气彻底。

　　②液压系统在试验油压下持压 5min,不得渗油和漏油。

　　③整体试验的指标(如空载、持压、往复次数、排气等)应调整适宜,记录准确。

(11)液压系统试验。

液压系统试验合格后方可插入支承杆,支承杆轴线应与千斤顶轴线保持一致,其偏斜度允许偏差为2:1000。

(12)滑动模板装置组装的允许偏差。

滑模装置组装完毕,必须按表2-21所列各项质量标准进行认真检查,发现问题应立即纠正,并做好记录。

表2-21 滑模装置组装的允许偏差

内容		允许偏差/mm
模板结构轴线与相应结构轴线位置		3
围圈位置偏差	水平方向	3
	垂直方向	3
提升架的垂直偏差	平面内	3
	平面外	2
安放千斤顶的提升架横梁相对标高偏差		5
考虑倾斜度后模板尺寸的偏差	上口	-1
	下口	+2
千斤顶位置安装的偏差	提升架平面内	5
	提升架平面外	5
圆模直径、方模边长的偏差		-2～+3
相邻两块模板平面平整偏差		1.5

(13)滑模系统的拆除准备工作。

①切断全部电源,撤掉一切机具。

②拆除液压设施,但千斤顶及支承杆必须保留。

③揭去操作平台板,拆除平台梁或桁架。

④高空解体散拆时,还必须先将挂架子及外挑架拆除。

(14)整体分段拆除,地面解体。

①现场起重机械的吊运能力,做到既要充分利用起重机械的起吊能力,又避免超载。

②每一房间墙壁(或梁)的整段两侧模板作为一个单元同时吊运拆除;外墙(外围轴线梁)模板连同外挑梁、挂架亦可同时吊运;筒壁结构模板应按均匀分段设计。

③外围模板与内墙(梁)模板间围圈连接点不能过早松开(如先松开,必须对外围模板进行拉结,防止模板向外倾覆),待起重设备挂好吊钩并绷紧钢丝绳后,再及时将连接点松开。

④若模板下脚有较可靠的支承点,内墙(梁)提升架上的千斤顶可提前拆除,否则需待起重设备挂好吊钩并绷紧钢丝绳时,将支承杆割断,再起吊、运下。

⑤模板吊运前,应挂好溜绳,模板落地前用溜绳引导,平稳落地,防止模板系统部件损坏。外围模板有挂架子时,更需如此。

⑥模板落地解体前,应根据具体情况做好拆解方案,明确拆解顺序,制定好临时支撑措施,防止模板系统部件出现倾倒事故。

(15)高空解体散拆。

高空散拆模板虽不需要大型吊装设备,但占用工期长,耗用劳动力多,且危险性较大,故无特殊原因尽量不采用此方法。若必须采用高空解体散拆时,必须编制好详细、可行的施工方案,并在操作层下方设置卧式安全网防护,高空作业人员系好安全带。一般情况下,模板系统解体前,拆除提升系统及操作平台系统的方法与分段整体拆除相同,模板系统解体散拆的施工顺序为:

拆除外吊架脚手架、护身栏(自外墙无门窗洞口处开始,向后倒退拆除) → 拆除外吊架吊杆及外挑架 → 拆除内固定平台 → 拆除外墙(柱)模板 → 拆除外墙(柱)围圈 →

| 拆除外墙(柱)提升架 | → | 将外墙(柱)千斤顶从支承杆上端抽出 | → | 拆除内墙模板 | → |

| 拆除一个轴线段围圈,相应拆除一个轴线段提升架 | → | 千斤顶从支承杆上端抽出 |

提升架先拆立柱,后拆横梁。

高空解体散拆模板必须掌握的原则是:在模板散拆的过程中,必须保证模板系统的总体稳定和局部稳定,防止模板系统整体或局部倾倒塌落。因此,制定方案、技术交底和实施过程中,务必有专职人员统一组织、指挥。

(16)爬模施工安全要求。

①按照爬模施工方案的要求,预先配备齐全可用的爬模装备。配置的全部爬模装备(包括各个零部件)要符合设计要求,产品质量或加工制作的质量要达到合格品的要求。

②爬模装备进场前,要对质量进行检查和确认,出具产品合格证和使用说明书,不允许不符合安全使用要求的产品进入施工现场。

③在安装爬模装备之前,要进行技术交底,按照安装工艺与要求进行安装。安装过程中,要有专人进行逐项检查。并在安装完毕后,要组织联合检查与验收,合格后方可投入使用。

④爬模的每一层作业平台,脚手板要满铺,铺平铺稳,护脚板要铺设到位,符合安全使用与安全防护等要求。

⑤对于爬架组相互之间的间隙,相邻作业平台之间的空隙,架体与墙体之间的空隙,要用盖板、护板和护网等封闭。严防物料坠落伤人。

⑥爬模施工完毕,要按照爬模拆卸工艺,进行安全有序的拆除。拆卸的部件要分类堆放整齐,并及时组织安全退场。

⑦爬升之前,必须暂时拆除爬架组之间的联系,及时在作业平台两端的开口部位安装好防护栏杆,及时拆除架体与墙体之间妨碍爬升的防护设施或障碍物;经安全检查后方可下达爬升

指令。

⑧爬升到位后,要及时做好各个部位的固定或安装;相邻爬升架组之间,要做好相互联系以及架体与墙体之间的安全防护。待整个施工层都爬升到位并经检查后、要及时完成爬升作业的记录。

⑨爬升时,作业平台上禁止堆放施工材料。

⑩遇有六级以上大风时,不得爬升,以避免由于推移晃动而导致伤人。

⑪支拆模所用工具,应放入专用箱内,不要乱扔乱放。

⑫爬模施工中的垃圾,应及时清理入袋,集中处理,严禁抛扔。

⑬冬、雪天施工时,应及时清扫作业平台上的积雪,防止滑倒伤人。

⑭附着装置的安装必须准确牢靠,安装与拆卸必须及时。

⑮液压油缸的拆装,要相互配合协作好,做到安全操作。

⑯施工前,要制定专项安全管理与安全检查制度;在与厂家签订租赁合同时,要签订爬模施工安全协议,强化安全管理。

3. 飞(台)模

(1)飞模的组成、分类及特点。

①飞模及其组成。飞模是一种大型工具或模板,因其外形如桌,故又称桌模或台模。由于它可以借助起重机械从已浇筑完混凝土的楼板下吊运飞出转移到上层重复使用,故称飞模。

飞模主要由平台板、支撑系数(包括梁、支架、支撑、支腿等)和其他配件(如升降和行走机构等)组成。适用于大开间、大柱网、大进深的现浇钢筋混凝土楼盖施工,尤其适用于现浇板柱结构(无柱帽)楼盖的施工。

飞模的规格尺寸,主要根据建筑物结构的开间(柱网)和进深尺寸以及起重机械的吊运能力来确定,一般按开间(柱网)×进深尺寸设置一台或多台。

②飞模的分类。飞模按其支承方式分为有支腿式和无支腿式两大类,其中有支腿式又分为分离式支腿、伸缩式支腿和折叠式支腿三种。我国目前采用较多的是伸缩支腿式,无支腿式也在个别工程中采用。其中有的属于引进仿制国外技术。

③飞模的特点。采用飞模用于现浇钢筋混凝土结构标准层楼盖的施工,具有以下特点:

a. 楼盖模板一次组装,重复使用,从而减少了逐层组装、支拆模板的工序,简化了模板支拆工艺,节约了模板支拆用工,加快了施工进度。

b. 由于模板可以采取由起重机械整体吊运,逐层周转使用,不再落地。从而减少了临时堆放模板场地的设置,尤其在施工用地紧张的闹市区施工,更有其优越性。

(2)双脚柱管架式飞模。

双脚柱管架式飞模,见图2-62和图2-63。

①面板。由 1220mm×2400mm×18mm 的九合板(或七合板)拼接而成。

②支架。由 $\phi65×2.5$ 钢管焊成的双肢柱管架。支柱的两端有供连接用的圆孔,每个支柱上还有两个可滑动的夹子,供安装剪刀撑用。

③剪刀撑。横向布置的剪刀撑,由两根∟32×3.2组成,角钢中间用铆钉连接。纵向布置的剪刀撑,

图 2-62　双肢柱管架式飞模

由 φ51 薄壁钢管用扣件与支架连接。

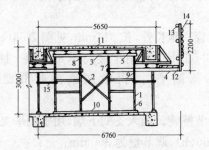

图 2-63　双肢柱管架式飞模(用于有梁楼盖施工情况)

1—承重支架；2—剪刀撑；3—纵梁；4—挑梁；5—横梁；6—底部调节螺旋；

7—顶部调节螺旋；8—顶板；9—接长管(或延伸管)；10—垫板；

11—面板；12—脚手板；13—护身栏；14—安全网；15—拉杆

④纵梁。原装材料为 W6×12 工字钢,高 152mm。可改用 [16 工字钢代替,见图 2-64,其长度有 3、3.6、4.8m 三种,可以拼接成各种长度。

⑤横梁。见图 2-65,用 J400 铝梁,铝合金轧制而成,长度有 9 种(1981～4876mm),质量为 6kg/m,截面惯性矩为 692cm^4,允许最大弯矩为 9300N·m。横梁上端嵌入木方,以便与面板铺设钉接。

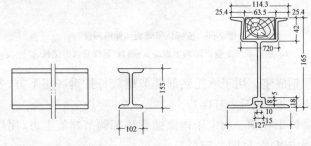

图 2-64　纵梁断面　　　　　　　图 2-65　横梁

⑥挑梁。原装材料为 W6×12 槽钢,高 152mm。我国改用 [16 槽钢代替。

⑦伸缩插管。延长管,长 914mm,见图 2-66(c);接长管,长 220mm,见图 2-66(b),均用于接高承重支架。插在管支架顶部,待支架下部调平后,再微调顶部调节螺旋。可调高度 150mm。

⑧底部调节螺旋。插入支架下端,用于调平支架下部,见图 2-66(a)、图 2-66(b),调节量为 300mm。

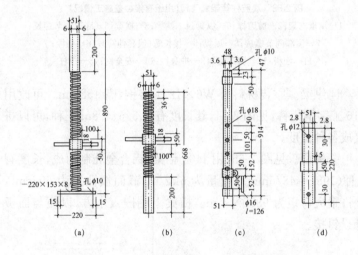

图 2-66　底部调节螺旋和伸缩插管
(a)底部调节支腿;(b)调节螺旋支腿;(c)延伸管;(d)接长管

⑨钢底座。用于承托底部调节螺旋每排钢底座下方,要垫通长脚手板,见图 2-67(a)。

⑩U 形柱帽。固定于伸缩插管顶部调节螺旋上方,用以支撑和固定纵梁,见图 2-67(b)。

其他配件,如单腿支柱[图 2-68(a)]、铝梁卡[图 2-68(b)]等。

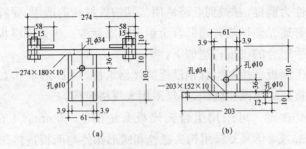

图 2-67 钢底座和 U 形柱帽

(a)底座;(b)柱帽

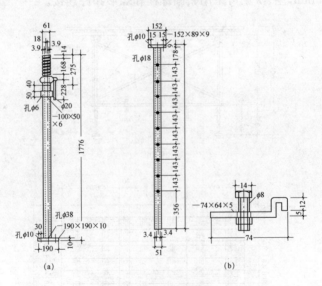

图 2-68 单腿支柱和铝梁卡

(a)单腿支柱;(b)铝梁卡

(3)钢管组合式飞模。

见图 2-69 和图 2-70,为两种规格的钢管组合式飞模。

钢管组合式飞模的设计,以具有足够的强度、刚度和良好的稳定性为前提,并做到经济适用。其构件材料的选用,要符合现行的普通光圆钢或普通低合金钢等国家标准。组合钢模板和钢管脚手组合的飞模构造如下:

①面板。按照组合钢模板的规格组拼,用 U 形卡和 L 形插销连接。为了减少缝隙,尽量采用大规格模板。

②次梁。可采用组合钢模板系统的□ 60mm × 40mm × 2.5mm 或 $\phi48 \times 3.5$,用钩头螺栓和蝶形扣件与面板连接。

③主梁。可采用组合钢模板系统的□ 70mm × 50mm × 3.0mm,主、次梁可采用紧固螺栓和蝶形扣件连接。

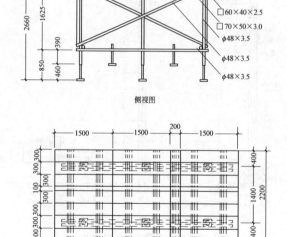

图 2-69　钢管组合式飞模一(平面 2200mm × 4700mm)

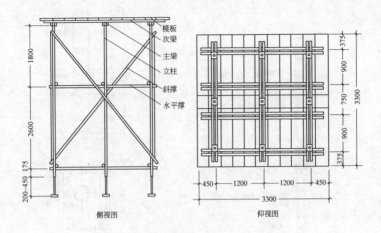

图 2-70　钢管组合式飞模二(平面 3300mm×3300mm)

④立柱。由柱头、柱脚和柱体三部分组成。可采用焊接管 $\phi48\times3.5$ 或无缝管 $\phi38\times4$,见图 2-71。

立柱顶座与主梁可用长螺栓和蝶形扣件连接。

为了适应楼层在一定范围内可变动的要求,主柱伸缩支腿设有一排孔眼,用于调节高低,见图 2-72。

⑤主梁。可采用组合钢模板系统的 □70mm×50mm×3.0mm,主、次梁可采用紧固螺栓和蝶形扣件连接。

⑥水平支撑和斜支撑。一般采用 $\phi48\times3.5$ 焊接钢管,与立柱用扣件连接。立柱的下端,可加上柱脚或垫板,见图 2-73。

钢管组合式飞模具有以下特点:

a. 不受开间(柱网)、进深平面尺寸的限制,可以任意进行组合,故有较强的独立性,适用范围较广。

b. 结构构造简单,部件来源容易,加工制作简便,一般建筑施工企业均具备制作条件。

c. 组拼飞模的部件,除升降机构和行走机构需要一定的加

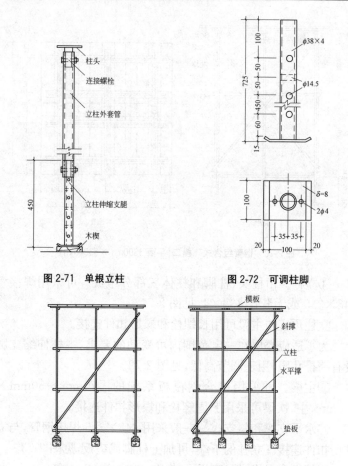

图 2-71　单根立柱　　　　　　图 2-72　可调柱脚

图 2-73　钢管脚手架组合飞模

工或外购外,其他部件拆卸后还可当其他工具、材料使用,故这种飞模制作的投资较少,且上马快。

d. 重量较大,约为 $80 \sim 90 \mathrm{kg/m^2}$。

由于组装的飞模杆件相交节点不在一个平面上,属于随机性较大的空间力系,故在设计时要考虑这一点。

(4)构架式飞模。

构架式飞模主要由构架、主梁、搁栅(次梁)、面板及可调螺栓组成,见图 2-74。为确保构架的刚度,每榀构架的宽度在 1～1.4m,构架的高度与建筑物层高接近,见图 2-75。

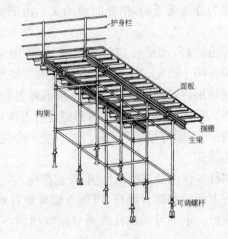

护身栏
面板
构架
搁栅
主梁
可调螺杆

图 2-74 构架飞模

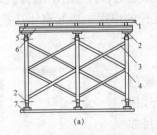

(a)

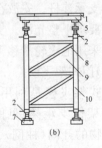

(b)

图 2-75 构架飞模主视和侧视图

(a)主视图;(b)侧视图

1—面板;2—可调螺杆;3—剪刀撑;4—构架;5—格栅;

6—主梁;7—支承连杆;8—水平杆;9—斜杆;10—竖杆

这种飞模与双肢柱管架式飞模不同处,充分利用钢、铝、竹、木的特点,优化配置。其构造如下:

①面板。可采用木(竹)胶合板。这种板材表面经覆膜防水处理,平整光滑,强度较高,可用于浇筑清水混凝土。

②主梁。采用铝合金型材制成,格栅采用方木,以便于面板的铺钉。主梁为连续梁受荷,格栅间距的大小由面板材料和荷载决定。

③构架。由竖杆、水平杆和斜杆组成,均采用薄壁圆形钢管。竖杆一般采用 $\phi 42 \times 2.5$,水平杆和斜杆的直径可略小些。竖杆上加焊钢碗扣型连接件,以便于与其他各杆连接。

④剪刀撑。每两榀构架间采用两对钢管剪刀撑连接。剪刀撑可制作成装配式,即将每对两根杆件做成绕中心铰转动式样,以便于安装和拆卸。

⑤可调螺杆。作调节飞模高低用,安装在构架竖杆上下端。可调螺杆配有方牙丝和螺母旋杆,可随着螺母旋杆的上下移动来调节构架高低。上下可调螺杆的调节幅度相同,总调节量上下可以叠加。

⑥支承连杆。安放在各构架底部,可以采用钢材或木材,但其底面要求平整光滑。支承连杆的作用主要起整体连接作用,也便于采用地滚轮滑移飞模。

(5)门式架飞模。

门式架飞模是利用多功能门式脚手架作支承架,见图 2-76,根据建筑物的开间(柱网)、进深尺寸拼装成的飞模,见图 2-77。

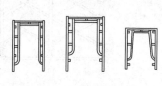

图 2-76　多功能门式架

门式架飞模由多功能门式架、面板和升降移动设备等组成。

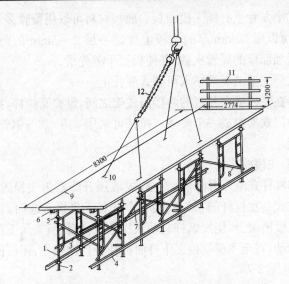

图 2-77 门式架飞模门式架（单位：mm）

1—门式脚手架（下部安装连接件）；2—底托（插入门式架）；
3—交叉拉杆；4—通长角铁；5—顶托；6—大龙骨；7—人字支撑；
8—水平拉杆；9—面板；10—吊环；11—护身栏；12—电动环链

①在多功能门式架上部，用两根 45mm×80mm×3mm 的薄壁方钢管做大龙骨，大龙骨用蝶形扣件连接固定在门式架顶托；下部外侧用 L 50×50×4 角铁通长连接，组成一个整体桁架，使板面荷载通过门式架支腿传递到底托并传到楼板上。为了加强飞模桁架的整体刚度，用 φ48×3.5 钢管在门式架之间进行支撑拉结。

②大龙骨上架设 45mm×80mm×3mm 薄壁方钢管和 50mm×100mm 木方各一根，共同组成小龙骨（次梁）。薄壁方钢管 20mm 的空隙，可用木板垫平。小龙骨的间距以 1m 左右为宜。

③小龙骨上钉铺飞模面板。面板材料可以用覆膜多层胶合板，也可以用 20mm 厚的木板上加铺一层 2～3mm 的薄钢板，用以增加面板的周转次数，并使板面平整光滑。

④门式架的下端插入可调式底托上。

⑤在飞模横向相对的两榀门式架之间，设交叉拉杆，把支撑飞模的门式架组成一个整体。拉杆可采用 φ48×3.5 钢管，用扣件连接。

（5）飞模施工的辅助工具。

①杠杆式液压升降器。杠杆式液压升降器为飞模附件，其升降方式是在杠杆的顶端安装一个托板。飞模升起时，将托板置于飞模桁架上，用操纵杆起动液压装置，使托板架从下往上做弧线运动，直至飞模就位。下降时操作杆反向操作，即可使飞模下降，见图 2-78。

这种升降机构的优点是升降速度快，操作简便。其缺点是因杠杆做弧线运动，升降时不容易就位于预定的位置，故在升降后，常因位置不正确需进行位置校正工作。

②螺旋起重器。螺旋起重器分为两种，一种为工具式，见图 2-79，其顶部设 U 形托板，托在桁架下部。中部为螺杆和调节螺母及套管，套管上留有一排销孔，便于固定位置。升降时，旋动调节螺母即可。下部放置在底座下，可根据施工的具体情况选用不同的底座。一般一台飞模用 4～6 个起重器。

另一种螺旋起重器安装在桁架的支腿上，随飞模运行，其升降方法与前者工具式螺旋起重器相同，但升降调节量比较小。升降量要求较大的飞模，支腿之间需另设剪刀撑。

这种螺旋升降机构，可按具体情况进行设计和加工。螺纹的加工以双头梯形螺纹为好，操作时应注意升降的同步。

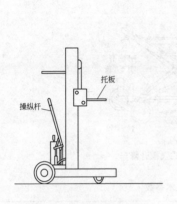

图 2-78 杠杆式液压升降器

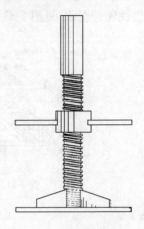

图 2-79 螺旋起重器

③手摇式升降器。手摇式升降器(竹铝桁架式飞模配套工具),由摇柄、传动箱、升降台、导轨、导轮、升降链、行走轮、限位器和底板等组成,见图 2-80。操作时,摇动手柄通过传动箱将升降链带动升降台使飞模升降,下设行走轮以便于搬运,是一种工具式的升降机构。适用于桁架式飞模的升降,一般每台飞模使用四个升降器。

④升降车。

a.钢管组合式飞模升降车。这种升降车的特点是既能升降飞模和调平飞模台面;又能在楼层作飞模运输车使用。它是利用液压顶升撑臂装置来达到升高平台的目的。由底座、撑臂、升降平台架、液压顶升器、称动液轮和

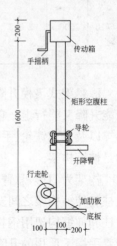

图 2-80 手摇式升降器

行走铁轮等组成,见图 2-81,其主要技术参数见表 2-22。

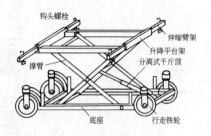

图 2-81　立柱式飞模升降车

表 2-22　　　　　　　　　　　某飞模技术参数

顶升荷载/kN	升降高度/mm	顶升速度/(m/min)	下降速度/(m/min)	质量/kg	外形尺寸/mm×mm×mm	升降设备
5～10	500	0.5	0～5	200	1600×1200×400	10t 分离式千斤顶

　　b. 悬架式飞模升降车。这种升降车的特点也是多功能的,既能升降又能行走。它由基座、立柱、伸缩构架、悬臂横梁、伸缩斜撑以及行车铁轮、手摇绳筒等组成,见图 2-82。其主要升降机构是伸缩构架。

　　构架为门形,悬臂横梁上装有导轮,承受飞模和滑移飞模。立柱和伸缩构架之间安装两台手摇千斤顶,千斤顶两端分别与立柱和伸缩构架用钢板相连接。小车升降由手摇千斤顶控制,随着手摇千斤顶的升降,伸缩构造沿着立柱升降,并带动悬臂横梁完成飞模升降。

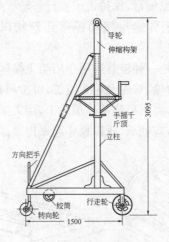

图 2-82 悬架式飞模升降车

在飞模升降车承载后,将手摇绳筒的钢丝绳取出,固定在飞模出口处,然后摇动绞筒手柄,使飞模在楼层上行走。

悬架式飞模升降车的技术参数,见表 2-23。

表 2-23 悬架式飞模升降车技术参数

顶升荷载/kN	升降幅度/mm	顶升速度/(m/min)	下降速度/(m/min)	质量/kg	外形尺寸/mm×mm×mm
10~20	30	0.5	2	400	1850×2850×3100

⑤滚杠。这是一种飞模最简单的行走工具,一般用于桁架式飞模的运行。即当浇筑的梁板混凝土达到一定强度时,先在飞模下方铺设脚手板,在脚手板上放置若干根钢管,然后用升降工具将飞模降落在钢管上,再用人工推动飞模,将它推出建筑物以外。这种方法的特点是,所需工具简单,操作比较费力,需要

随时注意防止飞模偏行,保持飞模直行移动。另外,当飞模滚到建筑物边缘时,钢管容易滚动掉落建筑物以外,不利于安全施工。

⑥滚轮。这是一种较普遍用于桁架飞模运行的工具。滚轮的形式很多,分单轮、双轮及轮式组等,可按照具体情况选用,见图 2-83。使用时,将飞模降落在滚轮上,用人工将飞模推至建筑物以外,滚轮内装有轴承,所以操作起来比滚杠轻便。

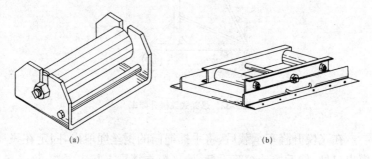

(a)   (b)

图 2-83　滚轮

(a)单轮;(b)双轮

⑦车轮。飞模采用车轮作运行工具的形式很多。图 2-84 (a)是在轮子上装上杆件,当飞模下落时插入飞模预定的位置中,用人工推行即可。这种车轮的配置数量,要根据飞模荷载确定,其主要特点是轮子可以做 360°转向,所以可以使飞模直行,也可以侧向行走。图 2-84(b)是一种带有架子的轮车,将飞模搁置在车轮架上,即可由人工将飞模推出建筑物楼层。

除此以外,还可以根据不同的情况,配备不同的车轮。如按照飞模的重量选用适当数量的人力车车轮组装成工具式飞模行走机构,见图 2-85,这种方法多用于钢管脚手架组合式飞模的运行。

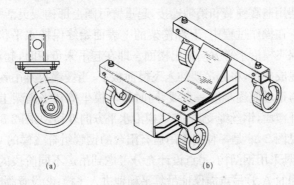

图 2-84　车轮

(a)单个车轮；(b)带架的车轮

⑧C 形吊具。飞模除了利用滚动摩擦来解决在楼层的水平运行，用吊索将飞模吊出楼层外，还可采用特制的吊运工具，将飞模直接起吊运走，这种吊具又称 C 形吊具。

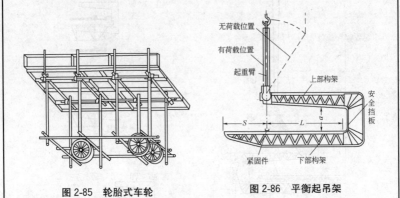

图 2-85　轮胎式车轮

图 2-86　平衡起吊架

图 2-86 是可以平衡起吊的一种 C 形吊具，由起重臂和上、下部构架组成。上、下构架的截面可做成立体三角形桁架形式，上下弦和腹杆用钢管焊接而成，上、下构架用钢板连接；起重臂与上

部构架用避震弹簧和销轴连接,起重臂可随上部构架灵活平稳地转动。在操作过程中,下部构架的上表面始终保持水平状态,以便确保飞模沿水平方向拖出楼面。即在起吊未负荷时,起重臂与钢丝绳成夹角,将起吊架伸入飞模面板下;当缓慢提升吊钩,使起重臂与钢丝绳逐步成一直线,同时使飞模坐落在平衡架上;当飞模离开楼面,钢丝绳受力,使飞模沿水平方向外移,见图 2-87。

见图 2-88 是一种用于吊运有阳台的钢管组合飞模的 C 形吊具,吊具采用钢结构,吊点设计充分考虑到吊运不同阶段的需要,图中①的 A、B 吊点能保证吊具平稳地进入飞模;②设置临时支承柱,确保吊点由 B 换至 C;③以吊点 A、C 将飞模平稳飞出。

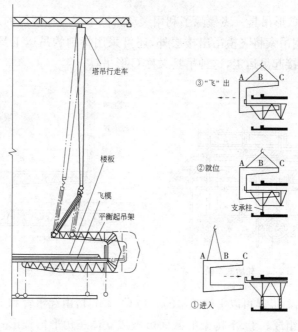

图 2-87　平衡起吊 C 形架操作过程　　图 2-88　C 形吊具工作过程示意图

⑨外挑出模操作平台。在建筑物的平面布置中,往往因为剪力墙或其他构件的障碍,使飞模不能从建筑物的两侧或一侧飞出;或因塔吊的回转半径不能覆盖整个建筑物,飞模尚需在预定的出口飞出,这样,在飞模出口处要设立出模操作平台。出模时,将所有飞模都陆续推至一个或两个平台上,然后用吊

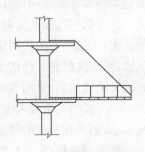

图2-89 外挑操作平台示意图

车吊走,见图2-89。这种操作平台一般用钢材制作,尺寸可根据飞模的大小设计,平台的根部与建筑物预留的螺栓锚固,端部要用钢丝绳斜拉在建筑物的上方可靠部位上,平台要随施工的结构进度逐步向上移动。

⑩电动环链。用于飞模从建筑物直接飞出的一种调节飞模平衡的工具。当飞模飞出建筑物时,由于飞模呈倾斜状,可在吊具上安装一台电动环链,以调节飞模的水平度,使飞模安全飞出上升。

(7)飞模的选用原则。

①在建筑工程施工中,能否使用飞模,要按照技术上可行、经济上合理的原则选用。主要取决于建筑物的结构特点。如框架或框架—剪力墙体系,由于梁的高度不一,梁柱接头比较复杂,采用飞模施工难度较大;剪力墙结构体系,由于外墙窗口小或者窗的上下部位墙体较多,也使飞模施工比较困难;板柱结构体系(尤其是无柱帽),最适于采用飞模施工。

②板柱剪力墙结构体系,也可以使用飞模施工,但要注意剪力墙的多少和位置,以及飞模能否顺利出模。重要的是要看楼板有无边梁,以及边梁的具体高度。因为飞模的升降量必须大

于边梁高度才能出模,所以这是影响飞模施工的关键因素。

③在选用飞模施工时,要注意建筑物的总高度和层数。一般说来,十层左右的民用建筑使用飞模比较适宜;再高一些的建筑物,采用飞模施工经济上比较合理。另外,一些层高较高,开间较大的建筑物,采用飞模施工,也能取得一定的效果。

④飞模的选型要考虑两个因素,其一要考虑施工项目的规模大小,如果相类似的建筑物量大,则可选择比较定型的飞模,增加模板周转使用,以获得较好的经济效果;其二是要考虑所掌握的现有资源条件,因地制宜,如充分利用已有的门式架或钢管脚手架组成飞模,做到物尽其用,以减少投资,降低施工成本。

(8)飞模的设计布置原则。

飞模的结构设计,必须按照国家现行有关规范和标准进行设计计算。引进的定型飞模或以前使用过的飞模,也需对关键部位和改动部分进行结构性能校核。另外,各种临时支撑、附设操作平台等亦需通过设计计算。在飞模组装后,应做荷载试验。飞模的布置应遵循以下原则:

①飞模的自重和尺寸,应能适应吊装机械的起重能力。

②为了便于飞模直接从楼层中运行飞出,尽量减少飞模的侧向运行,图2-90为在柱网轴线沿进深方向设置小飞模,脱模时,先将大飞模飞出,再将小飞模做侧向运动后飞出。图2-91是在一个开间内设置两台飞模,沿轴线进深方向,飞模板面可设计成折叠式或伸缩式板面,其支撑结构可采用斜支撑支承在飞模主体结构上;亦可在板面下加临时支撑,拆模时,先将这部分板面脱模,飞模即可顺利飞出。

(9)飞模施工准备。

①施工场地准备。

a.飞模宜在施工现场组装,以减少飞模的运输。组装飞模

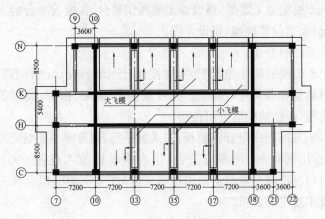

图 2-90　飞模布置方案之一

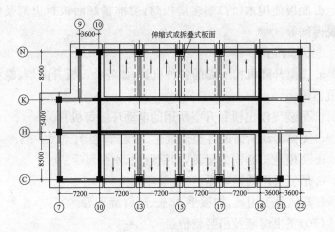

图 2-91　飞模布置方案之二

的场地应平整,可利用混凝土地坪或钢板平台组拼。

b.飞模坐落的楼(地)面应平整、坚实,无障碍物,孔洞必须盖好,并弹出飞模位置线。

c. 根据施工需要,搭设好出模操作平台,并检查平台的完整情况,要求位置准确,搭设牢固。

②材料准备。

a. 飞模的部件和零配件,应按设计图纸和设计说明书所规定的数量和质量进行验收。凡发现变形、断裂、漏焊、脱焊等质量问题,应经修整后方可使用。

b. 凡属利用组合钢模板、门式脚手脚、钢管脚手架组装的飞模,所用的材料、部件应符合《组合钢模板技术规范》(GB/T 50214)、《冷弯薄壁型钢结构技术规范》(GB 50018)以及其他专业技术规定的要求。

c. 凡属采用铝合金型材、木(竹)塑胶合板组装的飞模,所用材料及部件,应符合有关专业规定的要求。

d. 面板使用木(竹)塑多层板时,要准备好面板封边剂及模板脱模剂等。

③机具准备。

a. 飞模升降机构所需的各种机具,如各种飞模升降器、螺栓起重器等。

b. 吊装飞模出模和升空所用的电动环链等机具。

c. 飞模移动所需的各类地滚轮、行走车轮等。

d. 飞模施工必需的量具,如钢卷尺、水平尺等。

e. 吊装所用的钢丝绳、安全卡环等。

f. 其他手工用具,如扳手、锤头、螺钉旋具等。

(10)飞模组装及吊装就位。

①工艺流程。清扫楼(地)面→放飞模位置线→铺放模架支腿木垫板和底部调节支腿→将螺栓调到同一高度→安装支架和剪刀撑→通过支腿底板上的孔眼用钉子与木垫板钉牢→安装顶部调节螺旋和顶板,并调到同一高度→安装工字钢纵梁,并用顶

板上的夹子进行固定→用 U 形螺栓将槽钢挑梁固定在支架支腿的规定高度上→按照规定的间距把横梁固定在工字钢纵梁和槽钢挑梁上→用木螺栓或钉子将胶合板固定在横梁上→用钢丝把脚手板绑在槽钢挑梁上→安设护身栏、挂好安全网

②飞模组装时,胶合板的边应设在横梁中心线处,其外边缘距横梁端至少突出 50mm。

③飞模组装后,即可整体吊装就位。飞模就位前,应检查楼(地)面是否坚实、平整,有无障碍物,预留孔洞是否均已覆盖好,并应按事先弹好的位置线就位。

④飞模就位后,旋转上、下调节螺旋,使平台调到设计标高。然后在槽钢挑梁下安放单腿支柱和水平拉杆。

⑤当飞模就位后,即可进行梁模、柱模的支设、调整和固定工作。最后填补飞模平台四周的胶合板以及修补梁、柱、板交界处的模板。

⑥清扫梁、板模板,贴补缝胶条,刷脱模剂,绑扎钢筋,固定预埋管线和铁件。

⑦在浇筑梁、板混凝土前,还需用空压机清除模板内杂物一次,然后才能进行浇筑。双肢柱管架式飞模支设情况,见图 2-92。

⑧飞模脱模及转移。

a. 当梁、板混凝土强度达到设计强度的 75％时方可脱模。

b. 先将柱、梁模板(包括支承立柱)拆除,然后松动飞模顶部和底部的调节螺旋,使台面下降至梁底以下 50mm,见图 2-93(a)。

c. 将楼(地)面上的杂物清除干净,用撬棍将飞模撬起,在飞模底部木垫板下垫入 ϕ50 钢管滚杠。每块垫板不少于 4 根。

d. 将飞模推到楼层边缘,然后用起重机械的吊索(专用铁扁

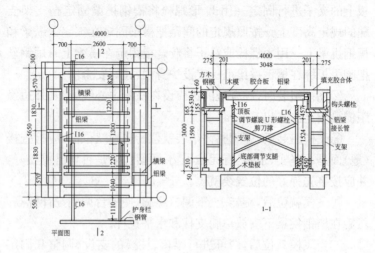

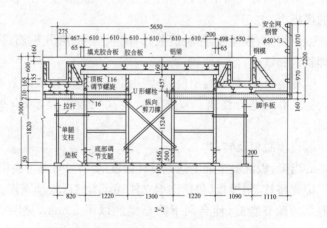

图 2-92 北京长城饭店双肢柱管架式飞模支设情况

担有 4 个吊钩)挂在飞模前端两个支腿上,同时将飞模后端支腿用两根绳索系在结构柱子上。当起重机械的吊索微微起吊时,缓慢放松绳索,使飞模继续缓慢地向外滚动,见图 2-93(b)。

e. 当飞模滚出楼层约 2/3 时,一方面放松起重吊索,另一方面拉紧绳索,在飞模向外倾斜时,随即将起重机械的另两根吊索挂在第三排支腿上,继续起吊,直至飞模全部离开楼层,见图 2-93(c)。

f. 将飞模吊到下一施工区域使用。

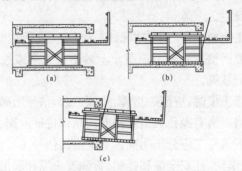

图 2-93　飞模脱模和转移过程

(a)飞模平台下落脱模;(b)向外滚动;(c)飞出

⑨注意事项。

a. 飞模在组装前,对其零配件必须进行检查,螺旋部分要经常上油。

b. 由于飞模各零部件组装后,其连接处会存在微小空隙,在承受梁、板混凝土荷载后,台面会下降 5mm 左右。因此在组装时,应使飞模台面和梁底模抬高 3～5mm。

c. 飞模台面不得用钉子固定各种预埋件,亦不得穿孔安装管道。必要时,应采用其他措施解决。

d. 飞模在升降时,各承重支架应同步进行,防止因不均匀升降造成模板变形。

(11)飞模施工安全要求。

采用飞模施工时,除应遵照现行的《建筑施工模板安全技术

规范》(JGJ 162—2008)等规定外,尚需采取以下一些安全措施:

①组装好的飞模,在使用前最好进行一次试压试吊,以检验各部件有无隐患。

②飞模就位后,飞模外侧应立即设置护身栏,高度可根据需要确定,但不得小于 1.2m,其外侧须加设安全网。同时设置好楼层的护身栏。

③施工上料前,所有支撑都应支设好(包括临时支撑或支腿),同时要严格控制施工荷载。上料不得太多或过于集中,必要时应进行核算。

④升降飞模时,应统一指挥,步调一致,信号明确,最好采用步话机联络。所有操作人员需经专门培训持证上岗。

⑤上下信号工应分工明确。如下面的信号工可负责飞模推出、控制地滚轮、挂安全绳和挂钩、拆除安全绳和起吊;上面的信号工可负责平衡吊具的调整,指挥飞模就位和摘钩。

⑥飞模采用地滚轮推出时,前面的滚轮应高于后面的滚轮1~2cm,防止飞模向外滑移。可采取将飞模的重心标画于飞模旁边的办法。严禁外侧吊点未挂钩前将飞模向外倾斜。

⑦飞模外推时,必需挂好安全绳,由专人掌握。安全绳要慢慢松放,其一端要固定在建筑物的可靠部位上。

⑧挂钩工人在飞模上操作时,必须系好安全带,并挂在上层的预埋铁环上。挂钩工人操作时,不得穿塑料鞋或硬底鞋,以防滑倒摔伤。

⑨飞模起吊时,任何人不准站在飞模上,操作电动平衡吊具的人员亦应站在楼面上操作。要等飞模完全平衡后再起吊,塔吊转臂要慢,不允许斜吊飞模。

⑩五级以上的大风或大雨时,应停止飞模吊装工作。

⑪飞模吊装时,必须使用安全卡环,不得使用吊钩。起吊

时,所有飞模的附件应事先固定好,不准在飞模上存放自由物料,以防高空物体坠落伤人。

⑫飞模出模时,下层需设安全网。尤其使用滚杠出模时,更应注意防止滚杠坠落。

⑬在竹木板面上使用电气焊时,要在焊点四周放置石棉布,焊后消灭火种。

⑭飞模在施工一定阶段后,应仔细检查各部件有无损坏现象,同时对所有的紧固件进行一次加固。

4. 模壳

(1)模壳的种类。

①按材料分类。

a. 塑料模壳。塑料模壳是以改性聚丙烯为基材,采用模压注塑成型工艺制成。由于受注塑机容量的限制,采用四块组装成钢塑结合的整体大型模壳,见图 2-94、图 2-95。其规格见表 2-24。

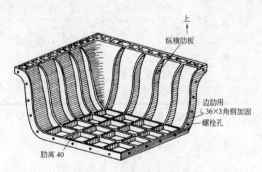

图 2-94　1/4 聚丙烯塑料模壳

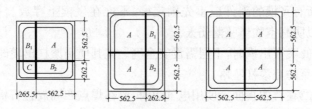

图 2-95 四合一聚丙烯塑料模壳

表 2-24　　　　　　　　　　　塑料模壳规格

肋高/mm	形式	网格尺寸(长×宽×高)/mm×mm×mm	模壳外形尺寸(长×宽×高)/mm×mm×mm
h (300、350、400)	双向	$1500×1500×h$	$1500×1437×H$
		$1200×1200×h$	$1200×1137×H$
		$1200×900×h$	$1200×837×H$
		$900×1200×h$	$900×1137×H$
		$900×900×h$	$900×837×H$
h (300、350、400)	单向	$1437×1500×h$	$1437×1437×H$
		$1137×1200×h$	$1137×1137×H$
		$1137×900×h$ $1200×837×h$	$1137×837×H$
		$837×900×h$ $900×837×h$	$837×837×H$

注:1. 表中模壳的宽度是与钢龙骨配套的;如果是木龙骨,则宽度应为 1425、1125
和 825mm;

2. $H=h+30$mm。

b. 玻璃钢模壳。玻璃钢模壳是以中碱方格玻璃丝布做增强
材料,不饱和聚酯树脂做粘结材料,手糊阴模成形,采用薄壁加
肋的构造形式,先成型模体,后加工内肋,可按设计要求制成不

同规格尺寸的整体大模壳,见图 2-96。

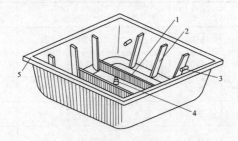

图 2-96 玻璃钢模壳

1—底肋;2—侧肋;3—手动拆模装置;4—气动拆模装置;5—边肋

②按适用范围分类。

a.公共建筑用模壳。适用于大跨度,大空间的多层和高层建筑,柱网一般在 6m 以上,对普通混凝土密肋跨度不宜大于 10m;对预应力混凝土密肋跨度不宜大于 12m,见图书馆、火车站、教学楼、商厦、展览馆等,公共建筑常用模壳规格见表 2-25。

表 2-25　　　　　　　　M 型玻璃钢模壳规格　　　　　　　(单位:mm)

图例	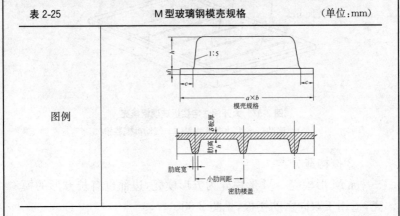

小肋间距	a	b	c	d	h
1500×1500	1400	1400	40～50	50	300～500
1200×1200	1100	1100	40～50	50	300～500
1100×1100	1000	1000	40～50	50	300～500
1000×1000	900	900	40～50	50	300～500
900×900	800	800	40～50	50	300～500
800×800	700	700	40～50	50	300～500
600×600	500	500	40～50	50	300～500

　　b. 大开间住宅模壳。由于住宅建筑楼层层高较低,为了节省空间,将肋的高度降低到 100～150mm,见图 2-97。

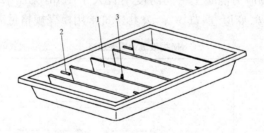

图 2-97　大开间住宅楼板玻璃钢模壳
1—底肋;2—手动拆模装置;3—气动拆模装置

　　③按构造分类。

　　a. M 形模壳。M 形模壳为方形模壳,边部也有长方形的模壳,适用于双向密肋楼板,见图 2-98。

　　b. T 形模壳。T 形模壳为长形模壳,适用于单向密肋楼板,见图 2-99。

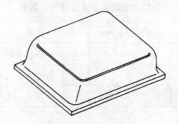

图 2-98　M 形模壳

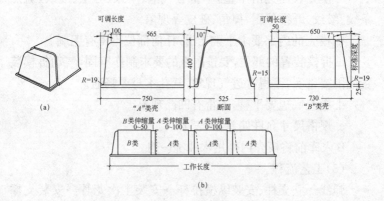

图 2-99　T 形模壳

(a)外形图；(b)组装图

(2)模壳加工质量要求。

①塑料模壳。

a. 模壳表面要求光滑平整，不得有气泡、空鼓。

b. 如果模壳是用多块拼成的整体，要求拼缝处严密、平整，模壳的顶部和底边不得产生翘曲变形，并应平整，其几何尺寸要满足施工要求。

c. 加工的规格允许偏差见表 2-26。

表 2-26 塑料和玻璃钢模壳规格尺寸偏差

序号	项目	允许偏差/mm	序号	项目	允许偏差/mm
1	外形尺寸	−2	4	侧向变形	−2
2	外表面不平度	2	5	底边高度尺寸	−2
3	垂直变形	4			

②玻璃钢模壳。

a. 模壳表面光滑平整,不得有气泡、空鼓、分层、裂纹、斑点、条纹、皱纹、纤维外露、掉角、破皮等现象。

b. 模壳的内部要求平整光滑,任何部位不得有毛刺。

c. 拆模装置的部位,要按图纸的要求制作牢固,气动拆模装置周围要密实,不得有透气现象,气孔本身要畅通。

d. 模壳底边要平整,不得有凹凸现象。

e. 规格尺寸允许偏差,见表 2-26。

f. 入库前将模壳内外用水冲洗一遍。

(3)工艺流程。

弹线→立支柱、安装纵横拉杆→安装主次龙骨→安装支撑角钢→安放模壳→堵拆模气孔→刷脱模剂→用胶带堵缝→绑扎钢筋(先绑扎肋梁钢筋、后绑扎板钢筋)→安装电气管线及预埋件→隐蔽工程验收→浇筑混凝土→养护→拆角钢支撑→卸模壳→清理模壳→刷脱模剂备用→用时再刷一次脱模剂

(4)模壳支设方法。

①施工前,根据图纸设计尺寸,结合模壳的规格,按施工流水段做好工具、材料的准备。

②模壳进厂堆放,要套叠成垛,轻拿轻放。

③模壳排列原则,均由轴线中间向两边排列,以免出现两边的边肋不等的现象,凡不能用模壳的地方可用木模代替。见图

2-100 和图 2-101 分别为公共建筑和大开间住宅模壳平面布置图。

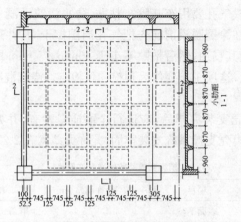

图 2-100　公共建筑模壳平面布置

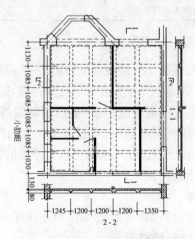

图 2-101　大开间住宅模壳平面布置

④安装主龙骨时要拉通线,间距要准确,做到横平竖直。

⑤模壳加工时只允许有负差,因此模壳铺好后均有一定缝隙,需用布基胶布或胶带将缝粘贴封严,以免漏浆。

⑥拆模气孔要用布基胶布粘贴,防止浇筑混凝土时灰浆流入气孔。在涂刷脱模剂前先把气孔周围擦干净,并用细钢丝疏通气孔,使其畅通,然后粘贴不小于 50mm×50mm 的布基胶布堵住气孔。这项工作要作为预检项目检查。浇筑混凝土时应设专人看管。

⑦模壳安装完毕后,应进行全面质量检查,并办理预检手续。要求模壳支撑系统安装牢固,允许偏差见表 2-27。

表 2-27　　　　　　　模壳支模验收标准允许偏差

项次	项目	允许偏差/mm	检验方法
1	表面平整	5	用 2m 直尺和塞尺量
2	模板上表面标高	±5	用尺量
3	相邻两板表面高低差	2	用尺量

(5)脱模。

由于模壳与混凝土的接触面呈碗形,人工拆模难度较大,模壳损坏较多,尤其是塑料模壳。采用气动拆模,效果显著。

气动拆模是在混凝土成型后,根据现场同条件试块强度达到 9.8MPa 后,用气泵作能源,通过高压皮管和气枪,将气送进模壳的进气孔,由于气压作用和模壳富有弹性的特点,使模壳能完好地与混凝土脱离。

①施工准备。

a.工具准备。气泵(一般工作压力不少于 0.7MPa)、高压胶管、气枪、橡皮锤、撬棍等。

b.作业准备。接好气泵电源和输气高压胶管;铺好脚手板;拆除支承模壳的角钢。

c.劳动组织。4~5人一组,其中送气1人,拆模2人,接模壳1~2人。

②工艺要点。

a.接通电源,启动气泵。

b.将气枪对准模壳的气孔,充气后使模壳与混凝土脱离。

c.人工辅助将模壳拆下。

(6)安全注意事项。

①模壳支柱应安装在平整、坚实的底面上,一般支柱下垫通长脚手板,用楔子夹紧,用钉子与垫板钉牢。

②当支柱使用高度超过3~5m时,每隔2m高度用直角扣件和钢管将支柱互相连接牢固。

③当楼层承受荷载大于计算荷载时,必须经过核验后,加设临时支撑。

④支拆模壳时,垂直运送模壳,配件应上下有人接应,严禁抛扔,防止伤人。

四、现浇混凝土模板施工要点

1.基础模板

(1)基础模板的支设。

①阶梯形独立基础模板。根据图纸尺寸制作每一阶梯形基础模板,支模顺序由下至上逐层安装,底层第一阶由四块边模拼成,其中一对侧板与基础边尺寸相同,另一对侧板比基础尺寸长150~200mm,在两端加钉木挡,用以在拼装时固定另一对模板,并用斜撑撑牢;模板尺寸较大时,四角加钉斜拉杆。在模板上口顶轿杠木,将第二阶模板置于轿杠上,安装时应找准基础轴线及标高。上下阶中心线互相对准;在安装第二阶模板前应绑

好钢筋,见图 2-102。

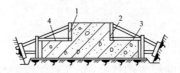

图 2-102 阶梯形独立基础模板
1—木或钢侧模;2—轿杠木;3—斜撑;4—顶撑

②杯形独立基础模板。杯形基础模板基本上与阶梯形基础模板相似,在模板的顶部中间装杯口芯模,杯口芯模有整体式和装配式两种,可用木模,亦可用组合钢模与异形角模拼成。杯口芯模借轿杠支承在杯颈模板上口中心并固定。混凝土灌注后,在初凝后终凝前取出。杯口较小时,一般采用整体式;杯口较大时,可采用装配式。凡采用木板拼钉的杯口芯模,应采用竖直板拼钉,不宜用横板,以免拔出时困难,见图 2-103～图 2-106。

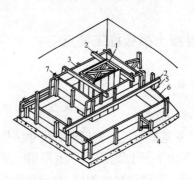

图 2-103 杯形独立基础模板
1—杯口芯模;2—轿杠模;3—杯口侧板;
4—撑于土壁上;5—托木;6—侧板;7—木挡

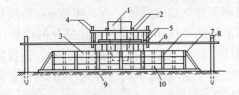

图 2-104　杯形独立基础模板(组合钢模板)

1—杯口芯模；2—杯芯定位杆(轿杠)φ8mm；3—钢模板；4—吊杆；

5—钢楞 φ48mm；6—轿杠 φ48mm；7—斜撑 φ48mm；

8—立桩 φ48mm；9—混凝土垫块或钢筋撑脚；10—钢楞

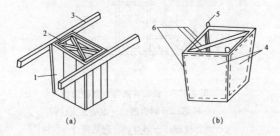

(a)　　　　　　　　　　　(b)

图 2-105　整体式杯口芯模

(a)木模板；(b)钢制杯口芯模

1—杯芯侧板；2—木挡；3—轿杠；4—2mm 厚钢板；5—吊环；6—∟ 40mm×4mm 角钢

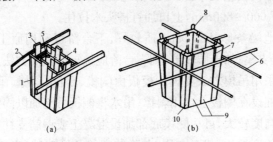

(a)　　　　　　　　　　　(b)

图 2-106　装配式杯口芯模

(a)木模板；(b)钢模板

1—杯芯侧板；2—轿杠；3—抽芯板；4—木挡；5—三角木；

6—杯芯定位杆(轿杠)φ8mm；7—拼木；8—吊环；9—钢模；10—角模

③长颈杯形独立基础模板。长颈杯形基础的模板构造和支模方法与杯形基础模板相同,但对长颈部分的模板应用钢管柱箍或夹木螺栓夹紧,以防胀模。当颈部较高时,模板底部应用混凝土支柱或铁脚支承,以防下沉;颈部很高的模板上部应设斜撑支固,见图2-107。

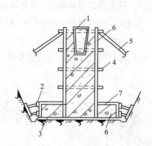

图2-107 长颈杯形独立基础模板
1—杯芯;2—钢横楞;3—混凝土支柱;
4—钢管柱箍;5—斜撑;6—钢侧模;7—顶撑

④条形基础模板。矩形截面条形基础模板,由两侧的木柱或组合钢模板组成,支设时应拉通线,将侧板校正后,用斜撑支牢,间距600～800mm,上口加钉搭头木拉住。

带地梁条形基础,如土质较好,下台阶可利用原土切削成形,不再支模;如土质较差,则下台阶应按矩形截面方法支模,上部地梁采用吊模方法支模。模板由侧模、轿杠、斜撑、吊木等组成。轿杠设在侧板上口用斜撑、吊木将侧板吊起加以固定;如基础上阶高度较大,可在侧模底部加设混凝土或钢筋支柱支承。

对长度很长、截面一致,上阶较高的条形基础,底部矩形截面可先支模浇筑完成,上阶可采用拉模方法,见图2-108。

(2)基础模板施工要点。

①安装模板前先复查地基垫层标高及中心线位置,放出基

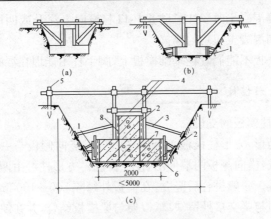

图 2-108 条形基础模板

(a)土质较好,下半段利用原土削平不另支模;

(b)土质较差,上下两阶均支模;(c)钢模板

1—斜托架@1500mm;2—钢模板;3—斜撑@3000mm;4—钢管吊架;

5—钢管 φ48×3.5;6—素混凝土垫层;7—钢架 φ16@500;8—钩头螺栓

础边线。基础模板面标高应符合设计要求。

②基础下段模板如果土质良好,可以用土模,但开挖基坑和基槽尺寸必须准确。

③杯口芯模要刨光、直拼。如没底板,应使侧板包底板,底板要钻几个孔以便排气。芯模外表面涂脱模剂,四角做成小圆角,灌混凝土时上口要临时遮盖。

如杯口芯模做成敞口式的,不加底板,混凝土会由底部涌入。在混凝土浇捣过程中及初凝前,要指派专人将涌入芯模底部的混凝土及时清除干净,达到杯底平整,以免造成芯模被混凝土埋住而不易取出,或杯口底面标高不准。

杯口芯模的拆除要掌握混凝土的凝固情况,一般在初凝前后即可用锤轻打,撬杠松动;较大的芯模,可用倒链将杯口芯模稍加松动后拔出。

浇捣混凝土时要注意防止杯口芯模向上浮升或四面偏移，模板四周混凝土应均匀浇捣。

脚手板不能搁置在基础模板上，脚手杆不能埋在混凝土中。

2. 柱模板

(1)柱模板的支设。

①矩形、方形柱模板。矩形柱由一对竖向侧板与一对横向侧板组成，横向侧板两端伸出，便于拆除。方形柱可由四面竖向侧板拼成。一般拼合后竖立，在模板外每隔 500～1000mm 设柱箍。柱顶与梁交接处留缺口，以便与梁模板结合，并在缺口左右及底部加钉衬口挡木。在横向侧板的底部和中部设活动清扫口与混凝土浇灌口，完成两道工序后钉牢。清理孔和灌筑口上的盖板应该一齐安装，到灌筑前再拆开使用。柱子一般有一个木框，用以固定柱子的水平位置，木框钉在底部的混凝土上，独立柱子还应在模板四周加斜撑，以保证其垂直度，见图 2-109。

②圆形柱模板。圆形柱木模由竖直狭条模板和圆弧横挡做成两个半片组成，直径较大时，可做成 3～4 片，模外每隔 500～1000mm 加二段以上 10 号钢丝箍筋。圆形柱钢模板用 2～3mm 厚钢板加角钢圆弧挡组成，两片拼接缝用角钢加螺栓连接。

直径较大的圆柱，如外饰面有粉刷，也可用 100mm 宽的组合钢模板，在圆弧挡内拼成圆柱模。拆模后应即清除模面水泥浆，见图 2-110。

③施工注意事项。为保证柱模的稳定和不变形，柱模与柱模之间应加钉水平撑和剪刀撑，同时在外排柱模外侧设置成对的斜撑，斜撑下端用木桩钉牢，将整个柱网模板连成整体并保持稳定，见图 2-111。

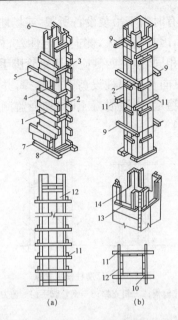

图 2-109 矩形、方形柱模板

(a)矩形柱;(b)方形柱

1—横向侧板;2—竖向侧板;3—横挡;4—浇灌口;5—活动板;

6—梁缺口;7—木框;8—清扫口;9—对拉螺栓;10—连接角模;

11—柱箍;12—钢模板;13—支座木;14—挡木

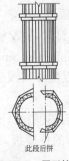

此段后拼

图 2-110 圆形柱模

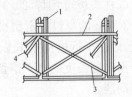

图 2-111 柱模板支撑

1—柱模板;2—水平撑;

3—剪刀撑;4—斜撑

　　工业厂房柱有时由于吊装设备所限,或场地狭窄等原因,改预制为现场浇制,因其高度大,侧向稳定性差,柱模板构造和支设方法与矩形柱相同,但在四侧应利用钢管脚手杆作支撑,并加设斜撑固定,在纵向与相邻柱设剪刀撑支撑,并固定在模板上,使整个模板保持稳定,浇灌混凝土时,加强监测,发现变形应及时纠正,见图2-112。

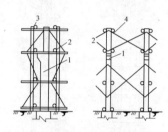

图2-112　厂房柱模板支撑

1—柱模板;2—斜支撑;3—钢管脚手;4—剪刀撑

　　(2)柱模板施工要点。

　　①安装时先在基础面上放出纵横轴线和四周边线、固定小方盘,在小方盘面调整标高,立柱头板,小方盘一侧要留清扫口。

　　②对通排柱模板,应先装两端柱模板,较正固定后,拉通长线校正中间各柱模板。

　　③柱头板可用厚20～30mm长料木板,门子板一般用厚20～30mm的短料或定型模板。短料在装钉时,要交错伸出柱头板,以便于拆模及操作工人上下。由地面起每隔3m左右,不少于振动器长度的0.7倍留一道施工口,以便灌入混凝土及放入振动器。

　　④柱模板宜加柱箍,用四根小方木互相搭接钉牢,或用工具式柱箍。采用50mm×100mm方木做立楞的柱模板,每隔500～1000mm加一道柱箍。

⑤为便于拆模,柱模板与梁模板连接时,梁模宜缩短 2～3mm 并锯成小斜面。

3. 梁模板

(1)梁模板的支设。

①矩形单梁模板。梁模板由底板、侧板、夹木和斜撑等组成,下面用顶撑(支柱)支承,间距 1m 左右,当梁高度较大时,应在侧板上加钉斜撑。顶撑(柱)间设拉杆,一般离地面 500mm 设一道,以上每隔 2m 设一道,互相拉撑成一整体,见图 2-113。

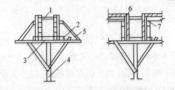

图 2-113 矩形单梁模板
1—撑木;2—夹木;3—底板;4—支撑;5—斜撑;6—侧板;7—托木

②T 形梁模板。T 形梁支模时,一般按截面形状尺寸制作竖向小木挡,钉完并校正好两侧模板后,再钉翼缘部分的斜板和立板,最后钉斜撑支牢,并在模板上口钉搭头木,以保上口位置正确。用钢模板时,可用钢管脚手架支承并固定,见图 2-114。

③花篮梁模板。花篮梁支模方法与 T 形梁基本相同,但为支设花篮上部模板,应在水平搭木上加吊挡木及短撑木,以支承固定上部侧模。亦可采取预先安装多孔板的支模方法,即先按板的安装标高,用 T 形梁的支模方法先支好梁的模板,然后安装多孔板,临时支承于梁模板上,再在板底部用支柱支牢。本法可省去花篮上部侧模板,同时便于混凝土的运输灌筑,并保证其良好的整体性,但模板应牢固,使能承受预制楼板的重量、混凝

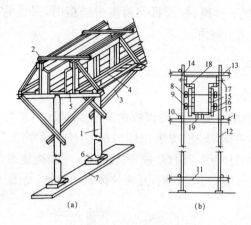

图 2-114 T形梁模板

1—支柱；2—搭头木；3—斜撑；4—夹条；5—木挡；6—楔子；7—垫板；

8—对拉螺栓；9—钩头螺栓；10—纵向联系杆；11—支承横杆 φ48mm；

12—支承杆 φ48mm；13—横杆；14—扣件；15—内钢楞；

16—外钢楞；17—连接角膜；18—阴角模；19—钢管脚手

土的重量及全部施工荷载，见图 2-115。

④主、次梁模板。主次梁同时支模时，一般先支好主梁模板，经轴线标高检查校正无误后，加以固定，在主梁上留出安装次梁的缺口，尺寸与次梁截面相同，缺口底部加钉衬口挡木，以便与次梁模板相接，主梁、次梁的支设和支撑方法均同于矩形单梁支模方法，见图 2-116。

⑤深梁与高梁模板。当梁深在 700mm 以上时，由于混凝土侧压力大，仅在侧板外支设横挡，斜撑不易撑牢，一般采取在中部用铁丝穿过横挡对拉或用对拉螺栓将两侧模板拉紧，以防胀模。其他同一般梁支模方法。为便于深梁绑扎钢筋，可先装一面侧板，钢筋绑好后再装另一面侧板。更深的梁模板，可参照混凝土墙模板进行侧模的安装。

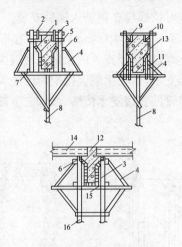

图 2-115 花篮梁模板

1—搭木;2—吊挡;3—木挡;4—斜撑;5—撑木;6—横挡;7—夹木;
8—支撑;9—钢侧模;10—钢管夹架;11—对拉螺栓;12—斜板;
13—花篮边模;14—多孔板;15—横梁;16—支柱

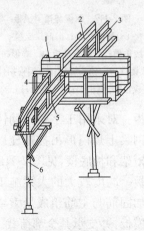

图 2-116 主次梁模板

1—主梁侧模;2—次梁侧模;3—横挡;4—立挡;5—夹木;6—支撑

对拉钢丝或对拉螺栓在钢筋入模后安装。

当梁底距地面高度很大(6m 以上)时,宜搭设排架支模,或用钢管脚手架支撑,以保证支承的稳定。为减少排架数量,通常梁底模采用桁架支承,而在梁端设排架与已浇筑模板固定,或在已浇筑上部留埋设件直接支承桁架,而省去下部支承排架,见图2-117。

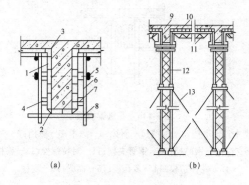

图 2-117　深梁与高梁模板

(a)深梁支模;(b)高梁支模

1—钢侧模;2—连接角模;3—阴角模板;4—蝶形扣件;5—对拉螺栓;

6—φ48×3.5 钢管;7—钩头螺栓;8—钢管扣件;9—梁侧板;

10—板模板;11—钢桁架;12—排架;13—φ6 缆风绳

⑥劲性钢梁模板。对采用工字梁作劲性筋的梁板结构,梁和板的模板支设在钢梁上焊门形吊挂螺栓以悬吊梁模板,同时在梁侧设托木支撑桁架和板底模,见图2-118。

⑦深梁悬吊模板。高度较大的大梁施工,在梁钢筋骨架中适当增加悬索筋和加固筋与主筋组成悬索结构骨架,在其上焊接吊挂螺栓来悬吊模板,并支承其全部荷载。支设时,梁要保持1/1000～3/1000 的起拱,以防下沉。此种模板要多耗用一定数

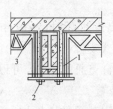

图 2-118　劲性钢梁模板
1—钢梁；2—吊挂螺栓；3—桁架@1000mm

量的钢筋,但可省去全部支承,同时下部可进行其他工序作业,见图 2-119。

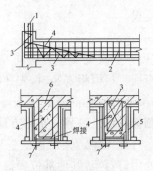

图 2-119　深梁悬吊模板
1—柱主筋；2—梁主筋；3—加固筋；4—悬索筋；5—主筋；6—箍筋；7—吊挂螺栓

(2)梁模板施工要点。

①梁跨度大于或等于 4m 时,底板中部应起拱,如设计无规定时,起拱高度宜为全跨长度的 1/1000～3/1000。

②支柱(琵琶撑)之间应设拉杆,互相拉撑形成一整体,离地面 500mm 一道,以上每隔 2m 设一道。支柱下均垫楔子(校正高低后钉固)和通长垫板(50mm×200mm 或 75mm×200mm),垫板下的土面应拍平夯实。采用工具式钢管支柱时,也要设水

平拉杆及斜拉杆。

③当梁底距地面高度过高时(一般 6m 以上),宜搭排架支模,或用钢管满堂脚手式支撑。

④在架设支柱影响交通的地方,可以采用斜撑、两边对撑(俗称龙门撑)或架空支模。

⑤梁较高时,可先安装梁的底板与一面侧板,等钢筋绑扎好再装另一面侧板。

⑥上下层模板的支柱,一般应安装在同一条竖向中心线上。

4. 板模板

(1)板模板的支设。

①有梁楼板模板。

a.一般木模支模。主次梁支模方法同"梁模板的支设及施工要点"表主次梁模板。板模板安装时,先在次梁模板的外侧弹水平线。其标高为梁板板底标高减去模板厚和搁栅高度,再按墨线钉托木,并在侧板木挡上钉竖向小木方顶住托木,然后放置搁栅,再在底部用牵杠撑支牢。铺设板模板从一侧向另一侧密铺,在两端及接头处用钉钉牢,其他部位少钉,以便拆模,见图 2-120。

b.桁架支模。用钢桁架代替木搁栅及梁底支柱,桁架布置的间距和承载能力应经过核算,同时在梁两端设双支柱支撑或排架,将桁架置于其上,如柱子先浇灌,亦可在柱上设置埋设件,上放托木支承梁桁架。支承板桁架上要设小方木,并用钢丝绑牢。两端支承处要加木楔,在调整好标高后钉牢。桁架之间设拉接条,使其稳定,见图 2-121。

c.钢管脚手支模。在梁板底部搭设满堂红脚手架,脚手杆的间距根据梁板荷载而定,一般在梁两端设两根脚手杆,以便固

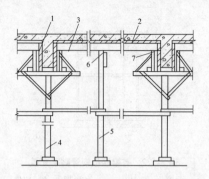

图 2-120　有梁楼板一般木模支模
1—梁侧模；2—楼板底模；3—搁栅；4—顶撑；5—牵杠撑；6—牵杆；7—托木

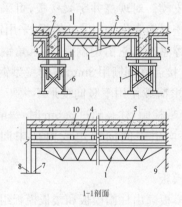

1-1剖面

图 2-121　有梁楼板桁架支模
1—钢桁架；2—侧模；3—底模；4—托木；5—夹木；
6—排架；7—支柱；8—柱模；9—墙；10—搁栅

定梁侧模，在梁间根据板跨度和荷载情况设 1~2 根脚手杆(板跨在 2m 以内)，也可不设脚手杆，立管横管交接处用扣件固定。梁板支模同一般梁板支模方法。本法多用于组合钢模板支模配套使用，见图 2-122。

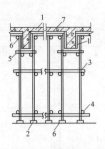

图 2-122　有梁楼板钢管脚手支模
1—钢模板;2—垫木;3—钢管脚手;4—扣件;
5—横楞;6—木楔;7—40×60 木方或 φ48 钢管

　　d. 塑料模壳支模。对现浇井字梁楼板,可采用塑料开口模壳作为模板。用塑料模壳作为密肋的模板,采用钢结构工具式、用销钉组装的支撑系统。它由钢搁栅、支承角钢和钢支柱三部分组成,用销钉连接。铁搁栅用 3mm 厚薄壁型钢制成。三面压制,一面焊接,要求荷载作用下竖向变形不大于 $L/300$,钢支柱采用钢管制成,上带柱帽,柱高超过 3.5m 时,每隔 2m 设一道拉杆,模壳排列时,均由中间向两边或由柱中向两边进行,见图 2-123。

　　②无梁楼板模板。

　　a. 一般木模模板。由柱帽模板和楼板模板组成。楼板模板的支设与肋形梁板模板相同。柱帽为截锥体(方形或圆形),制作应按 1:1 大样放线制成两半、四半或整体。安装时,柱帽模板的下口与柱模上口牢固相接,柱帽模板的上口与楼板模板镶平接牢,见图 2-124。

　　b. 钢管脚手支模。当采用组合钢模板时,多用钢管作模板的支撑体系,按建筑柱网设置满堂钢管排撑作支柱,顶部用 φ48mm 钢管作钢楞,以支承楼板钢模板,间距按设计荷载和楼

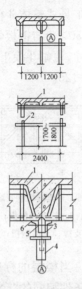

图 2-123 有梁楼板塑料模壳支模（单位：mm）

1—塑料模壳；2—钢支柱；3—钢龙骨；

4—钢支柱；5—销钉或销片；6—L 50×5

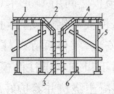

图 2-124 无梁楼板一般木模支模

1—楼板模板；2—柱帽模板；3—柱模板；

4—搁栅；5—木支撑；6—垫木

层高而定，一般不大于 750mm，钢管交接处用扣件固定，板模板直接铺设在横管上，钢模间用 U 形扣件连接，但 U 形卡数量可适当减少，以方便拆模。

柱帽模板实样做成工具式整体斗模,采用 4 块 3mm 厚梯形钢板组成,每块钢板用∟50×5 与钢板焊接,板间用螺栓连接,组成上口和下口要求的尺寸,柱帽斗模下口与柱上口、柱帽上口与钢平模紧密相接,见图 2-125。

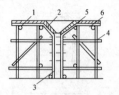

图 2-125　无梁楼板钢管脚手支模
1—钢模板;2—柱帽钢模板;3—柱钢模;
4—钢管支撑;5—内钢楞;6—外钢楞

c. 台模(飞模)支模。当楼层的标准层较多,可将每一柱网楼板划分为若干张几何条件相同的"台子"组成模(又称飞模)直接在现场组装而成。每一台模为一预拼装整体模板,它是由组合钢模板组成一定大小的大面积板块,再和 φ48mm 钢管支撑系统组成一个整体。模板之间用 U 形卡(一倒一正对卡)连接,钢管支架用扣件连接,模板与钢管支撑问用钩头螺栓连接。每一台模采取现场整体安装,整体拆除。柱帽斗模制作与钢管脚手支模法相同,安装时下口支承于柱筒模上口,上口用 U 形卡与台模连接,当楼板混凝土浇筑并养护好后,用小液压千斤顶住台模下部横管,拆除木楔和砖墩(或拔出钢套管、连接螺栓),提起钢套管,推入四轮台车,使台模落于台车上即可移至楼板外侧搭设的平台上,用塔吊吊至上层重复使用,台模具有重量轻、承载力高(11kN/m²),简化工序,组装方便,配件标准化,可预先组装,一次配板,层层使用,省脚手,提高工效,加速进度等优点,但需有塔吊配合,适应于标准层多,柱网比较规则,层高变化不大的高层建筑和框架使用,最适于柱帽尺寸一致的多层无梁楼板应用,见图 2-126。

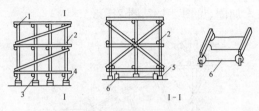

图 2-126　无梁楼板台模(飞模)支模
1—组合钢模板台面;2—钢管支架;3—木楔;
4—砖墩或钢套筒;5—拆除的砖墩;6—四轮台车

(2)板模板施工要点。

①楼板模板铺木板时,只要在两端及接头处钉牢,中间层尽量少钉或不钉,以利拆模。如采用定型木模板,需按其规格距离铺设搁栅.不够一块定型木模板的空隙,可用木板镶满或用 0.75~2mm 厚铁皮板盖住。若用 20mm 厚胶合板作楼板模,搁栅间距不大于 500mm,采用组合式定型钢模板作楼板时,拼模处采用少量 U 形卡期可。

②采用桁架支模时,应根据荷载情况确定桁架间距,桁架上弦要放小方木,用铁丝绑紧,两端支承处要设木楔,在调整标高后钉牢,桁架之间设拉接条,保持桁架垂宜。

③挑檐模板必须撑牢拉紧,防止向外倾覆,确保安全。

5.楼梯模板

(1)楼梯模板的支设。

①板式楼梯模板。楼梯有梁式与板式之分,其支模方法基本相同,就板式楼梯而言,模板支设前,先根据层高放大样,一般先支基础和平台梁模板,再装楼梯底模板、外帮侧板。在外帮侧

板内侧,放出楼梯底板厚度线,用样板划出踏步侧板的挡木,再钉侧板。如楼梯宽度大,则应沿踏步中间上面设反扶梯基,加钉1~2道吊木加固,见图2-127、图2-128。

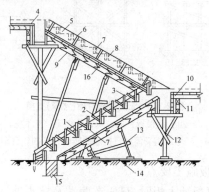

图 2-127　板式楼梯模板

1—反扶梯基;2—斜撑;3—吊木;4—楼面;5—外帮侧板;6—木挡;

7—踏步侧板;8—挡木;9—搁栅;10—休息平台;11—托木;

12—琵琶撑;13—牵杠撑;14—垫板;15—基础;16—楼梯底板

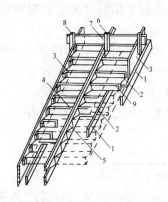

图 2-128　反扶梯基模板

1—搁栅;2—底模板;3—外帮侧模;4—反扶梯基;5—三角木;

6—吊木;7—上横楞;8—立木;9—踏步侧板

②组合钢模板楼梯模板。采用组合钢模板作楼梯模板的支撑方法是:楼梯底模用钢模平铺在斜杆上,楼梯外帮侧模可以制成异形钢模,也可用一般钢平模侧放。踏步级采用钢模,一头固定在外帮侧模上,另外一头用一至二道反扶梯基加三角撑定位,见图 2-129。

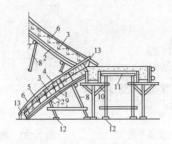

图 2-129　组合钢模板楼梯
1—钢模板;2—钢管斜楞;3—梯侧钢模;4—踏步级钢模;
5—三角支撑;6—反扶梯基;7—钢管横梁;
8—斜撑;9—水平撑;10—楼梯梁钢模;11—平台钢模;
12—垫木及木楔;13—木模镶补三角侧模

③螺旋式楼梯模板。螺旋式楼梯的内外一般是由同一圆心的两条半径不同的螺线组成螺旋面分级而成,见图 2-130。支模前先做好地面垫层,在垫层上画出楼梯内外边轮廓线的两个半圆,并将圆弧分成若干等分,定出支柱基点,见图 2-131 的 ABC-DE 及 $A_1B_1C_1D_1E_1$,根据螺线原理以圆弧线上的梯级高度为总高度减掉弧线外直线上的步数(图上 $h=3800-152=3648$),以内外弧线长度及高度画出坡度线,在 $\triangle aob$ 及 $\triangle a_1o_1b_1$ 上量取各基点的垂直高度(相应的内外侧基点高度是相等的)。配顶撑立柱时,按各点高度减去楼梯板混凝土厚度 350mm。再减去底模板、搁栅、牵杠及垫板等用料尺寸,加最下一步到地面垫层高度。

在支柱顶部架设牵框及搁栅,满铺底板。挑出台口线按一般双层模板施工法,在满铺底板上画出楼梯边线,随梯步口进行模板架设。由于上述外圈基点支柱的间距过大,在牵杠下按间距不大于 700mm 补充支柱,见图 2-132。

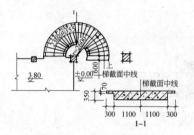

图 2-130　螺旋楼梯平面

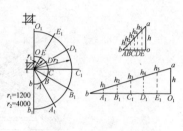

图 2-131　螺旋线各基点高度

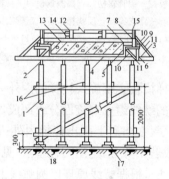

图 2-132　螺旋式楼梯模板

1—支柱;2—牵杠;3—搁栅;4—底模板;5—侧模;6—小顶撑;
7—挑出台口底模板;8—挑出台口边模;9—挑出台口底搁栅;10—夹条;
11—斜撑;12—反扶梯基;13—踏步侧板;14—踏步侧板水平撑;
15—挡木;16—水平搭头;17—垫木;18—木楔

(2)楼梯模板施工要点。

①楼梯模板施工前应根据实际层高放样,先安装平台梁及基础模板,再装楼梯斜梁或楼梯底模板,然后安装楼梯外帮侧板,外帮侧板应先在其内侧放出楼梯板厚度线,用套板画出踏步侧板位置线,钉好固定踏步侧板的挡木,在现场装钉侧板。

②如果楼梯较宽时,沿踏步中间的上面加一或二道的反扶梯基,反扶梯基上端与平台梁外侧板固定,下端与基础外侧板固定撑牢。

③如果先砌墙后安装楼梯模板时,则靠墙一边应设置一道反扶梯基以便吊装踏步侧板。

④梯步高度要均匀一致,特别要注意最下一步及最上一步的高度,必须考虑到楼地面层粉刷厚度,防止由于粉面层厚度不同而形成梯步高度不协调。

6. 墙模板

(1)墙模板的支设。

①一般支模。墙体模板一般由侧板、立挡、横挡、斜撑和水平撑组成。为了保持墙的厚度,墙板内加撑头。防水混凝土墙则加设有止水板的撑头或不加撑头(即采用临时撑头,在混凝土浇灌过程中逐层逐根取出)。斜撑垫板在泥地上可用木桩固定,在混凝土楼板上可利用预埋件或筑临时水泥墩子固定。如有相邻两道墙模时,可采用上下对撑及顶部平搭以保证墙面垂直。同时尚应采取其他措施要避免仅用平搭,造成后浇灌的墙模顶部推移,见图 2-133。

②定型模板墙板支模。混凝土墙体较多的工程,宜采用定型模板施工以利多次周转使用。定型模板可用木模或组合钢模板,以斜撑及钢楞保持模板的垂直及位置,由穿墙螺栓(对拉螺

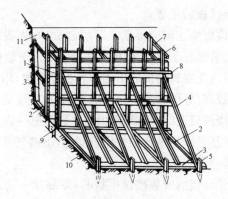

图 2-133 墙体模板一般支模

1—侧板；2—水平撑；3—垫板；4—斜撑；5—木桩；6—立挡；

7—搭头木；8—横挡@1000～1500；9—基础；10—泥地；11—土壁

栓)及横挡、直挡(钢楞)承受现浇混凝土的侧压力,墙模底部用砂浆找平层调整高度零数,或用木方垫平。墙模宽度的零数用小木方补足,用钉子固定。

长度较大的外墙模板,其横向外钢楞必须连通并连接牢固,以保证外墙的平整,见图 2-134。

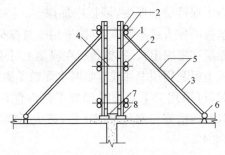

图 2-134 定型模板墙板支模

1—钢模板；2—钢楞；3—钢管斜撑；4—对拉螺栓；

5—扣件；6—预埋铁件；7—导墙；8—找平层

③桁架或排架模板支模。当墙体较高、支撑较困难时,可用桁架支模或排架支模法。桁架支模方法系在墙两侧设竖向桁架作立楞,两端用螺栓或钢筋套拉紧,对厚壁墙可利用墙内主筋焊成桁架与模板螺栓连接,以承受混凝土侧向荷载,而不用支设斜撑,只在顶部设搭头木和少量斜支撑,使模板保持竖向稳定。排架支模系在墙一侧搭设侧向刚度大的排架,支模时,先在排架立柱下放置垫木,以排架为依托,先立一面侧板,找正并固定,绑完墙钢筋后,再立另一面侧板。亦可按墙体高度分层支设,灌筑完一层,再支设一层模板,直到完成,见图 2-135。

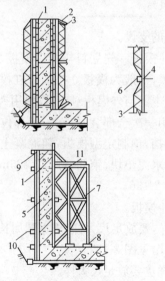

图 2-135 墙体桁架或排架模板支模
1—墙模板;2—支撑;3—桁架;4—钢筋套;5—对拉螺栓;
6—木楔;7—排架;8—垫板;9—立挡;10—水平夹木;11—平台板

(2)墙模板施工要点。

①先放出中心线和两边线,选择一边先装,立竖挡、横挡及

斜撑、钉模板，在顶部用线锤吊直，拉紧找平，撑牢钉实。木模板一般采用横板。

②待钢筋绑扎好后，墙基础清理干净，再竖立另一边模板，程序同上，但一般均加撑杆或对拉螺栓以保证混凝土墙体厚度。

③近来有很多施工单位采取先绑扎好墙体钢筋，将组合式钢模板或定型木摸预先组成大模板（四角留出一定空隙，最后镶入角模），利用起重吊车将一片片墙模吊装就位；甚至组成筒子模，整体吊入一个房间的四面模板（角模先缩进或后装）。

7. 料斗模板

(1)料斗模板的支设。

①方锥形料斗模板。先立料斗孔口模板及上口梁底模板，然后支撑料斗外模，一般为横板立挡加牵杠撑。内模板的立挡与牵杠的布置，基本上与外模相对应，以便用铁丝或螺栓与外模拉紧。内模可采用一次全部装好，在一定部位留出混凝土浇灌孔，或先仅安装立挡，预制定型模板，随混凝土的浇灌将定型模板逐块安装，采用水泥垫块、钢筋弯脚或 $\phi25mm$ 钢管保持内外模板的间距，见图 2-136。

②圆锥形料斗模板。

a. 放平面大样，要放足尺大样，根据圆周长度做出适当分块及内模分段的设计，见图 2-137。

b. 放剖面大样也要放足尺大样。

c. 量出（或算出）料斗两段内外模长度，设计圈带道数（一般间距 450～600mm），量出（或算出）每道圈带的半径长度，上下两段内模的交接处，一般设置在环形梁的里侧上口，以利于环形梁混凝土的浇灌。量取圈带半径时，注意外模圈带应加模板厚度、内模圈带应减模板厚度，见图 2-138。

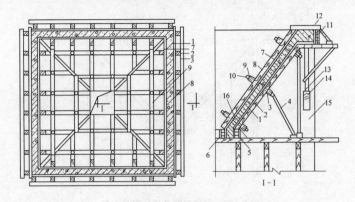

图 2-136 方锥形料斗模板

1—外模板；2—外模立挡；3—外模牵杠；4—斜撑；5—斗底外边模；6—斗底内模；
7—内模板；8—内模立挡；9—内模牵杠；10—内外模夹紧螺栓；11—上口圈梁外模；
12—搭头木；13—琵琶撑；14—木楔；15—混凝土柱；16—撑头

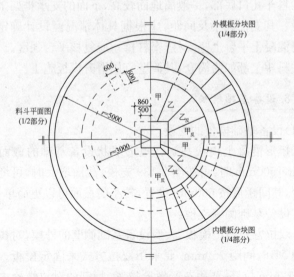

图 2-137 圆锥形料斗平面及模板分类

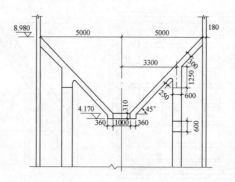

图 2-138 圆锥形料斗设计尺寸示意

(2)料斗模板施工要点。

①料斗模板配置前,其主要部位应放出足尺大样。

②料斗孔口底部,一般离地面较高,下面的支承排架采用分层支设。其支柱大小及间距,应根据具体情况经设计确定。如在钢筋混凝土平台上竖支柱(牵杠捧),应复核平台强度。

③料斗上部如为筒仓,其筒壁宜用滑升模板施工

8. 设备基础模板

(1)设备基础模板的支设。

①矩形混凝土块状基础。矩形块状设备基础的截面大于500mm×500mm时,可按图 2-139 支模,截面增大时,可增设对拉螺栓,其间距可按 600mm 设置,较小的截面可以更简单一些。

②设备基础侧壁支模。

a. 双拉方式固定模板:大型设备基础侧壁的外模,对拉螺栓可使用 M16,间距 750mm. 要采用双拉方式来固定模板。所设双道 φ12mm 拉筋,要用花篮螺栓拉紧,特制的对拉螺栓内杆应焊在结构钢筋上,见图 2-140。

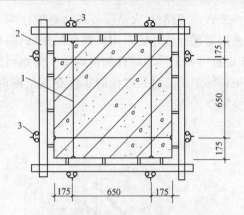

图 2-139 矩形混凝土块状基础支模

1—对拉螺栓;2—φ48×3.5 钢楞;3—3 形扣件

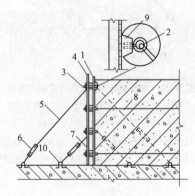

图 2-140 设备基础侧壁双拉方式固定支模

1—铜模板;2—特制对拉螺栓内杆;3—对拉螺栓外杆;
4—2[100×50×20×3 外钢楞;5—φ12 拉筋;6—花篮
螺栓;7—2[100×50×20×3 内钢楞;8—螺栓内杆(焊在
结构钢筋上);9—顶帽;10—预埋钢筋环

　　b. 支拉方式固定模板：大型设备基础侧壁的外模，也可采用支拉方式来固定模板。外侧采用斜撑和加强杆，斜撑支在通长角钢上，并设有可调千斤顶螺杆加以调节。角钢可用间隔布置的预埋的短钢筋定位。对拉螺栓的螺杆亦与结构钢筋焊接，见图 2-141。

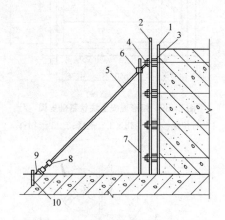

图 2-141　设备基础侧壁支拉方式固定支模

1—钢模板；2—2匚100×50×20×3 外钢楞；

3—2匚100×50×20×3 内钢楞；

4—对拉螺栓(与结构钢筋焊接)；5—φ48×3.5m 斜撑；

6—扣件；7—φ48×3.5m(mm)加强杆；8—可调螺杆；

9—通长角钢；10—预埋短钢筋

　　③带沟道基础的支模。当大型厚壁设备基础内部有沟道时，配模方式可参照图 2-142，采用重型四管支柱作支撑件，并加设剪刀撑加固。图中 A 为单管横向支杆，两头带可调千斤顶螺杆；B 为三节对拉螺栓，C 为 2匚100×50×20×3 薄壁型钢外钢楞；D 为施工缝；E 为模板支承架；F 为 2匚100×50×20×3 薄壁型钢内钢楞。

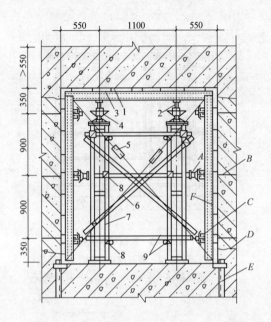

图 2-142 带沟道基础的支模
1-钢模板;2-主梁;3-次梁;4-可调螺杆;5-支叉花篮螺
栓拉索调节;6-剪刀撑;7-四管支柱;8-扣件;9-系杆

④基础顶板的支模。基础顶板混凝土厚度在 1～2m 之间时,模板的支撑件要用四管支柱,间距配置在 1500～2000mm。作拉接用的系杆采用 $\phi48\times3.5$mm 的钢管。次梁和主梁可采用槽钢,规格根据计算决定,还应验算挠度。见图 2-143。

⑤设备基础内部不同标高吊模施工。大型设备基础内部,往往各部位的标高位置情况比较复杂,遇有不同标高时,可采用吊模施工,实行高差混凝土施工法。施工中,要注意标高的准确性,要用测量仪器给出标高的位置,吊模的结构构造见图 2-144。

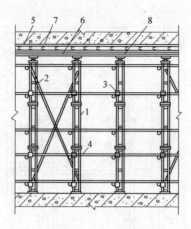

图 2-143　基础顶板的支模

1－四管支柱；2－剪刀撑；3－扣件；4－系管；

5－钢模板；6－主梁；7－次梁；8－可调螺杆

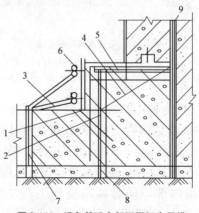

图 2-144　设备基础内部不同标高吊模

1－∟50×5 托架；2－ϕ20 钢筋；3－ϕ48×3.5mm 支撑；

4－ϕ20 钢筋焊接；5－∟50×5 固定架；6－ϕ48×3.5mm 钢楞；

7－∟50×5 角钢；8－预埋铁件；9－伸缩缝

⑥施工缝的模板支模。基础施工缝处的模板,可使用两层钢板网。混凝土浇筑后,拆除支撑和固定架,保留钢板网不拆,可直接继续浇筑混凝土,节省了处理混凝土表面的工序,见图 2-145。

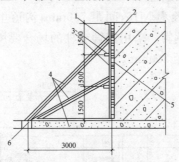

图 2-145　施工缝的模板支模

1—固定架 ϕ20mm@1000mm;2—钢板网两层;3—钢楞 $\llcorner$ 63×6@1500mm;

4—斜支撑 $\llcorner$ 63×6@1500mm;5—ϕ20mm@300mm;6—预埋铁件

⑦用可变组合桁架的曲面支模。遇到曲面基础壁如椭圆形的浓缩池,当混凝土壁厚为 100mm,模板采用定型组合钢模板时,使用桁架支模最为方便,桁架杆件采用 ϕ48×3.5 钢管,支承件则用 ϕ25 钢筋加工制成,各部件节点采用自由式铰链连接,见图 2-146。

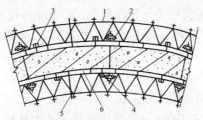

图 2-146　用可变组合桁架的曲面支模

1—可变桁架;2—ϕ48×3.5mm 纵向钢楞;

3—连接件;4—对拉螺栓;5—支撑件;6—钢模板

⑧轧钢机设备基础支模。轧钢机设备基础局部支模见图 2-147、图 2-148,图 2-149 供有沟道设备基础作参考。钢楞可采用 2φ48×3.5 钢管,或选用 2匚100×50×20×3 的薄壁型钢。图 2-147 的对拉螺栓为 M16,间距 750mm;沟道里壁的钢楞采用 2φ48×3.5mm 钢管。采用四管支柱的场合要用 φ10 钢筋用花篮螺栓拉紧,间距 300mm。

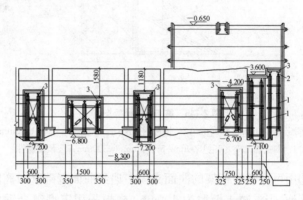

图 2-147　轧钢机设备基础局部支模(一)(单位:mm)
1—四管支柱@1500mm;2—四管支柱@1500mm;3— I 20d

⑨沟道支模。基础内沟道的支模,在内、外楞下面设置单管支柱,上面用可调杆千斤顶作调节,每 750mm 设立一道,这里是双行支柱。下部为匚8 槽钢模梁,上置通长匚8 槽钢。并在此槽钢上焊 φ28mm 钢筋用作放置单管支柱,l=100mm,间距同为 750mm,见图 2-149。

(2)基础模板施工要点。

①大型设备基础,一般设计成筏片式大底板。中间由墙和柱(墩)支承,上面设计为满堂的厚大顶板。根据设备特点、工艺需要和使用要求,也常将设备基础设计成多种多样。如箱形基

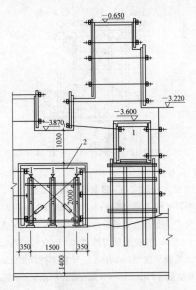

图 2-148 轧钢机设备基础局部支模(二)
1—沟道;2— I 12b@750mm

础、大块体基础、逆作基础等。箱形基础常为封闭式箱形,支模浇筑混凝土后拆除模板,均有一定困难,须根据结构特征,确定在适当位置留置拆除孔,以利模板拆除后运出。模板全部拆除运出后必须对孔洞加以修补,可采用简易吊模来浇筑孔洞处的混凝土。

②大型设备基础内部常埋设有工艺管道、电缆套管等各种用途的管道和套管。这样就要按设计要求的标高、位置采用不同形式的固定支架来固定管道和套管。

③大型设备基础除造型复杂外,大部分基础埋入地下的深度较大,这样就要求基础必须具有防水性能。设计上所要求的大多是橡胶止水带,而施工需要留置施工缝处则设置钢止水板。

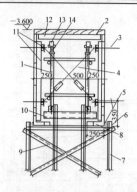

图 2-149 设备基础沟道支模

1—单管支柱;2—木模板;3—对拉螺栓 M16@750mm;

4—φ10 钢筋连花篮螺栓@3000mm;5—∟50(通长);

6—φ20mm 拉接及剪刀撑;7—∟75 立柱@750mm;

8—模板平支 250mm;9—∟50 剪刀撑@3000mm;

10—[8 横梁@750mm,l=800mm;11—φ48×3.5mm 钢楞;

12—[8 内楞@500mm;13—2[8 通长外楞;14—可调螺杆

这样就需要在支模时用固定支架处理好止水带(板)的位置,保证混凝土浇筑时,止水板(带)不变位。

④大型设备基础由于形体大而且混凝土需用量多,施工时往往不能够一次浇筑完成,除按规定分段分层浇筑外,还应考虑必要的分层分块施工,以简化支模形式,使模板和支撑件流水周转使用。

⑤大型设备基础形体大,使模板承受的荷载也较大,一般宜采用刚度、强度较高的模板和支撑件进行支模,主要以定型组合钢模板及其附属配件或与之相近的其他高强模板材料为宜。

⑥大型设备基础造型错综复杂,分阶段施工常会造成位置、标高上的不统一。为防止基础各部位相对位置和标高产生错误,必须在支模时做好测量放线工作,根据复测可信的测量控制

点进行准确的测量和放线。如为分层分段施工时,应根据放线结果进行检查和处理钢筋的偏位。

⑦大型设备基础埋置较深,施工时需要考虑到模板的支撑方式应适合施工需要,可采用托架、对拉、钢筋固定架连接等。

⑧大型设备基础体积大,设计上常设置若干条收缩缝或沉降缝,不同于一般模板工程。往往有时两块或更多块连续施工。这样,伸缩缝(沉降缝)处就需要用固定支架进行固定填充材料,保证施工质量。

五、模板拆除作业技术

1. 组合钢模板拆除作业技术

(1)拆除模板的时间必须按照现行国家标准《混凝土结构工程施工质量验收规范》GB 50204 的有关规定办理。

(2)现场拆除组合钢模板时,应遵守下列规定:

①拆模前应制定拆模程序、拆模方法及安全措施。

②先拆除侧面模板,再拆除承重模板。

③组合大模板宜大块整体拆除。

④支承件和连接件应逐件拆卸,模板应逐块拆卸传递,拆除时不得损伤模板和混凝土。

⑤模板单块拆除时,应将配件和钢模板逐件拆卸。组装大模板整体拆除时,应采取措施先使组装大模板与混凝土面分离。

⑥拆下的模板和配件均应分类堆放整齐,附件应放在工具箱内。

2. 钢框胶合板模板拆除作业技术

(1)模板拆除时不应撬砸面板。模板安装与拆除过程中应对模板面板和边角进行保护。

（2）采用早拆模板技术时,模板拆除时的混凝土强度及拆模顺序应按施工方案规定执行。未采用早拆模板技术时,模板拆除时的混凝土强度应符合现行国家标准《混凝土结构工程施工质量验收规范》GB 50204 的有关规定。

3. 大模板拆除作业技术

（1）大模板拆除时的混凝土结构强度应达到设计要求,过早拆除模板,混凝土强度低,容易造成混凝土结构缺棱、掉角及表面粘连等质量缺陷;当设计无具体要求时,应能保证混凝土表面及棱角不受损坏。

（2）大模板的拆除顺序应遵循先支后拆、后支先拆的原则。

（3）拆除有支撑架的大模板时,应先拆除模板与混凝土结构之间的对拉螺栓及其他连接件,松动地脚螺栓,使模板后倾与墙体脱离开;拆除无固定支撑架的大模板时,应对模板采取临时固定措施。

（4）任何情况下,严禁操作人员站在模板上口采用晃动、撬动或用大锤砸模板的方法拆除模板;大模板整装整拆,面积越大,模板与混凝土之间的粘结力也就越大,如果模板表面清理得不好,脱模剂涂刷有缺陷,表面光滑程度等出现问题,会给拆模带来困难,当出现这种现象时,可采取在模板底部用撬棍撬动模板,使模板与墙体脱离开。

（5）拆除的对拉螺栓、连接件及拆模用工具必须妥善保管和放置,不得随意散放在操作平台上,以免吊装时坠落伤人。

（6）起吊大模板前应先检查模板与混凝土结构之间所有对拉螺栓、连接件是否全部拆除,必须在确认模板和混凝土结构之间无任何连接后方可起吊大模板,移动模板时不得碰撞墙体。

（7）大模板及配件拆除后，应及时清理干净，对变形和损坏的部位应及时进行维修。

4. 爬模装置拆除作业技术

（1）拆除方案。

爬模装置拆除前，必须编制拆除技术方案，明确拆除先后顺序，制定拆除安全措施，进行安全技术交底。拆除方案中应包括：

①拆除基本原则。

②拆除前的准备工作。

③平面和竖向分段。

④拆除部件起重量计算。

⑤拆除程序。

⑥承载体的拆除方法。

⑦劳动组织和管理措施。

⑧安全措施。

⑨拆除后续工作。

⑩应急预案等。

（2）拆除作业技术要点。

①在起重机械的起重力矩允许范围内，平面应按大模板分段，如果分段的大模板重量超过起重机械的最大起重量，可将其再分段，其主要的目的是确保高空拆除的安全，同时也减少了高空拆除时间。分段整体拆除一定要进行计算，确保分段的大模板和架体总重量不超过起重机的最大起重量。

②采用油缸和架体的爬模装置，竖直方向分模板、上架体、下架体与导轨四部分拆除。采用千斤顶和提升架的爬模装置竖直方向不分段，进行整体拆除。

　　③最后一段爬模装置拆除时,要留有操作人员撤退的通道或脚手架。

　　④爬模装置拆除前,必须清除影响拆除的障碍物,清除平台上所有的剩余材料和零散物件,切断电源后,拆除电线、油管;不得在高空拆除跳板、栏杆和安全网,防止高空坠落和落物伤人。

第3部分 模板工岗位安全常识

一、模板工施工安全基本知识

1. 木料(胶合板)运输与码放

(1)作业前检查使用的运输工具是否存在隐患,经过检查,合格后方可使用。

(2)上下沟槽或构筑物应走马道或安全梯,严禁搭乘吊具、攀登脚手架上下。

(3)安全梯不得缺挡,不得垫高。安全梯上端应绑牢,下端应有防滑措施,人字梯底脚必须拉牢。严禁2名以上作业人员在同一梯上作业。

(4)成品半成品木材应堆放整齐,不得任意乱放,不得存放在施工程范围之内,木材码放高度以不超过1.2m为宜。

(5)木工场和木质材料堆放场地严禁烟火,并按消防部门的要求配备消防器材。

(6)施工现场必须用火时,应事先申请用火证,并设专人监护。

(7)木料(胶合板)运输与码放应按照以下要求进行:

①作业前应对运输道路进行平整,保持道路坚实、畅通。便桥应支搭牢固,桥面宽度应比小车宽至少1m,且总宽度不得小于1.5m,便桥两侧必须设置防护栏和挡脚板。

②穿行社会道路必须遵守交通法规,听从指挥。

③用架子车装运材料应2人以上配合操作,保持架子车平

稳,拐弯要示意,车上不得乘人。

④使用手推车运料时,在平地上前后车间距不得小于 2m,下坡时应稳步推行,前后车间距应根据坡度确定,但是不得小于 10m。

⑤拼装、存放模板的场地必须平整坚实,不得积水。存放时,底部应垫方木,堆放应稳定,立放应支撑牢固。

⑥地上码放模板的高度不得超过 1.5m,架子上码放模板不得超过 3 层。

⑦不得将材料堆放在管道的检查井、消防井、电信井、燃气抽水缸井等设施上。

⑧不得随意靠墙堆放材料。

⑨使用起重机作业时必须服从信号工的指挥,与驾驶员协调配合,机臂回转范围内不得有无关人员。

⑩运输木料、模板时,必须绑扎牢固,保持平衡。

2. 木模板制作、安装安全要求

(1)作业前检查使用的工具是否存在隐患,如:手柄有无松动、断裂等情况,手持电动工具的漏电保护器应试机检查,合格后方可使用,操作时应戴绝缘手套。

(2)支、拆模板作业高度在 2m 以上(含 2m)时,必须搭设脚手架,按要求系好安全带。

(3)高处作业时,材料必须码放平稳、整齐。手用工具应放入工具袋内,不得乱扔乱放,扳手应用小绳系在身上,使用的铁钉不得含在嘴中。

(4)上下沟槽或构筑物时应走马道或安全梯,严禁搭乘吊具、攀登脚手架上下。

(5)安全梯不得缺挡,不得垫高。安全梯上端应绑牢,下端应有防滑措施,人字梯底脚必须拉牢。严禁 2 名以上作业人员在同一梯上作业。

(6)使用手锯时,锯条必须调紧适度,下班时要放松,防止再使用时突然断裂伤人。

(7)支搭大模板必须设专人指挥,模板工与起重机驾驶员应协调配合,做到稳起、稳落、稳就位。在起重机机臂回转范围内不得有无关人员。

(8)作业中应随时清扫木屑、刨花等杂物,并送到指定地点堆放。

(9)木工场和木质材料堆放场地严禁烟火,并按消防部门的要求配备消防器材。

(10)施工现场必须用火时,应事先申请用火证,并设专人监护。

(11)作业场地应平整坚实,不得积水,同时,应排除现场的不安全因素。

(12)作业前认真检查模板、支撑等构件是否符合要求,钢板有无严重锈蚀或变形,木模板及支撑材质是否合格。不得使用腐朽、劈裂、扭裂、弯曲等有缺陷的木材制作模板或支撑材料。

(13)使用旧木料前,必须清除钉子、水泥粘结块等。

(14)作业前应检查所用工具、设备,确认安全后方可作业。

(15)使用锛子砍料必须稳、准,不得用力过猛,对面 2m 内不得有人。

(16)必须按模板设计和安全技术交底的要求支模,不得盲目操作。

(17)槽内支模前,必须检查槽帮、支撑,确认无塌方危险。向槽内运料时,应使用绳索缓放,操作人员应互相呼应。支模作业时应随支随固定。

（18）使用支架支撑模板时，应平整压实地面，底部应垫 5cm 厚的木板。必须按安全技术要求将各结点拉杆、撑杆连接牢固。

（19）操作人员上、下架子必须走马道或安全梯，严禁利用模板支撑攀登上下，不得在墙顶、独立梁及其他高处狭窄而无防护的模板上行走。严禁从高处向下方抛物料。搬运模板时应稳拿轻放。

（20）支架支撑竖直偏差必须符合安全技术要求，支搭完成后必须验收合格方可进行支模作业。

（21）模板工程作业高度在 2m 和 2m 以上时必须设置安全防护设施。

（22）模板的立柱顶撑必须设牢固的拉杆，不得与门窗等不牢靠的临时物件相连接。模板安装过程中，不得间歇，柱头、搭头、立柱顶撑、拉杆等必须安装牢固成整体后，作业人员才可以离开。暂停作业时，必须进行检查，确认所支模板、撑杆及连接件稳固后方可离开现场。

（23）配合吊装机械作业时，必须服从信号工的统一指挥，与起重机驾驶员协调配合，机臂回转范围内不得有无关人员。支架、钢模板等构件就位后必须立即采取撑、拉等措施，固定牢靠后方可摘钩。

（24）在支架与模板间安置木楔等卸荷装置时，木楔必须对称安装，打紧钉牢。

（25）基础及地下工程模板安装之前，必须检查基坑土壁边坡的稳定状况，基坑上口边沿 1m 以内不得堆放模板及材料，向槽（坑）内运送模板构件时，严禁抛掷。使用溜槽或起重机械运进，下方操作人员必须远离危险区。

（26）组装立柱模板时，四周必须设牢固支撑，如柱模高度在 6m 以上，应将几个柱模连成整体，支设独立梁模板应搭设临时工作平台,不得站在柱模上操作,不得在梁底板模上行走和立侧模。

(27)在浇筑混凝土过程中必须对模板进行监护,仔细观察模板的位移、变形情况,发现异常时必须及时采取稳固措施。当模板变位较大,可能倒塌时,必须立即通知现场作业人员离开危险区域,并及时报告上级。

3. 模板拆除安全要求

(1)作业前检查使用的工具是否存在隐患,如:手柄有无松动、断裂等,手持电动工具的漏电保护器应试机检查,合格后方可使用,操作时应戴绝缘手套。

(2)拆模板作业高度在 2m 以上(含 2m)时,必须搭设脚手架,按要求系好安全带。

(3)高处作业时,材料必须码放平稳、整齐。手用工具应放入工具袋内,不得乱扔乱放,扳手应用小绳系在身上,使用的铁钉不得含在嘴中。

(4)上下沟槽或构筑物应走马道或安全梯,严禁搭乘吊具、攀登脚手架上下。

(5)安全梯不得缺挡,不得垫高。安全梯上端应绑牢,下端应有防滑措施,人字梯底脚必须拉牢。严禁 2 名以上作业人员在同一梯上作业。

(6)成品半成品木材应堆放整齐,不得任意乱放,不得存放到在施工程范围之内,木材码放高度不宜超过 1.2m。

(7)使用手锯时,锯条必须调紧适度,下班时要放松,防止再使用时突然断裂伤人。

(8)拆除大模板必须设专人指挥,模板工与起重机驾驶员应协调配合,做到稳起、稳落、稳就位。在起重机机臂回转范围内不得有无关人员。

（9）拆木模板、起模板钉子、码垛作业时，不得穿胶底鞋，着装应紧身利索。

（10）拆除模板必须满足拆除时所需的混凝土强度，且经工程技术领导同意，不得因拆模而影响工程质量。

（11）必须按拆除方案和专项技术交底要求作业，统一指挥，分工明确。必须按程序作业，确保未拆部分处于稳定、牢固状态。应按照先支后拆、后支先拆的顺序，先拆非承重模板，后拆承重模板及支撑，在拆除用小钢模板支撑的顶板模板时，严禁将支柱全部拆除后，一次性拉拽拆除，已经拆活动的模板，必须一次连续拆完，方可停歇，严禁留下不安全隐患。

（12）严禁使用大面积拉、推的方法拆模。拆模板时，必须按专项技术交底要求先拆除卸荷装置。必须按规定程序拆除撑杆、模板和支架，严禁在模板下方用撬棍撞、撬模板。

（13）拆模板作业时，必须设警戒区，严禁下方有人进入，拆模板作业人员必须站在平稳可靠的地方，保持自身平衡，不得猛撬，以防失稳坠落。

（14）拆除电梯井及大型孔洞模板时，下层必须支搭安全网等可靠的防坠落安全措施。

（15）严禁使用吊车直接吊除没有撬松动的模板，吊运大型整体模板时必须拴结牢固，且吊点平衡，吊装、运大钢模板时必须用卡环连接，就位后必须拉接牢固方可卸除吊钩。

（16）使用吊装机械拆模时，必须服从信号工统一指挥，必须待吊具挂牢后方可拆支撑。模板、支撑落地放稳后方可摘钩。

（17）应随时清理拆下的物料，并边拆、边清、边运、边按规格码放整齐。拆木模时，应随拆随起筏子。楼层高处拆除的模板严禁向下抛掷。暂停拆模时，必须将活动件支稳后方可离开现场。

4. 模板施工机械安全操作

（1）操作人员应经过培训，了解机械设备的构造、性能和用途，掌握有关使用、维修、保养的安全技术知识。电路故障必须由专业电工排除。

（2）作业前试机，各部件运转正常后方可作业；作业后必须切断电源。

（3）作业时必须扎紧袖口、理好衣角、扣好衣扣，不得戴手套；作业人员长发不得外露；女工应戴工作帽。

（4）机械运转过程中出现故障时，必须立即停机、切断电源。

（5）链条、齿轮和皮带等传动部分，必须安装防护罩或防护板；必须使用单向开关，严禁使用倒顺开关。

（6）工作场所严禁烟火，必须按规定配备消防器材。

（7）应及时清理机器台面上的刨花、木屑。严禁直接用手清理。刨花、木屑应存放到指定地点。

（8）使用开榫机作业应符合下列要求。

①必须侧身操作，严禁面对刀具。进料速度应均匀。

②短料开榫必须使用垫板夹牢，严禁用手握料。长度大于1.5m的木料开榫必须2人操作。

③刨渣或木片堵塞时，应用木棍清除，严禁手掏。

（9）使用压刨机作业应符合下列要求。

①送料和接料应站在机械一侧，不得戴手套。

②进料必须平直，发现木料走偏或卡住，应先停机降低台面，再调正木料。遇节疤应减慢送料速度。送料时手指必须与滚筒保持20cm以上距离。接料时，必须待料走出台面后方可上手。

③刨料长度不得短于前后轧辊距离。厚度小于1cm的木

料,必须垫压板。每次刨削量不得超过 3mm。

(10)使用刮边机作业应符合下列要求。

①材料应按压在推车上,后端必须顶牢。应慢速送料,且每次进刀量不得超过 4mm。不得用手送料至刨口。

②刀部必须设置坚固严密的防护罩。

③严禁使用开口螺钉的刨刃。装刀时必须拧紧螺钉。

(11)使用平刨机作业应符合下列要求。

①必须设置可靠的安全防护装置。

②刨料时应保持身体平衡,双手操作。刨大面时,手应按在木料上面;刨小面时,手指应不低于料高的一半,并不得小于 3cm。

③每次刨削量不得超过 1.5mm。进料速度应均匀。严禁在刨刃上方回料。

④被刨木料的厚度小于 3cm,长度小于 40cm 时,应用压板或压棍推进。厚度小于 1.5cm 且长度小于 25cm 的木料不得在平刨上加工。

⑤刨旧料时必须先将铁钉、泥砂等清除干净。遇节疤、戗茬时应减慢送料速度,严禁手按节疤送料。

⑥换刀片前必须拉闸断电。

⑦同一台刨机的刀片重量、厚度必须一致,刀架与刀必须匹配。严禁使用不合格的刀具。紧固刀片的螺钉应嵌入槽内,且距离刀背不得小于 10mm。

(12)使用打眼机作业应符合下列要求。

①必须使用夹料具,不得直接用手扶料。大于 1.5m 的长料打眼时必须使用托架。

②凿芯被木渣挤塞时,应立即抬起手把。深度超过凿渣出口,应勤拔钻头。

③应用刷子或吹风器清理木渣,严禁手掏。

(13)使用圆盘锯(包括吊截锯)作业应符合下列要求。

①作业前应检查锯片不得有裂口,螺钉必须拧紧。

②操作人员必须戴防护眼镜。作业时应站在锯片一侧,手臂不得跨越锯片。

③必须紧贴靠山送料,不得用力过猛,遇硬节疤应慢推。必须待出料超过锯片15cm后方可上手接料,不得用手硬拉。

④短窄料应用推棍,接料使用刨钩。严禁锯小于50cm长的短料。

⑤木料走偏时,应立即切断电源,停车调正后再锯,不得猛力推进或拉出。

⑥锯片运转时间过长应用水冷却,直径60cm以上的锯片工作时应喷水冷却。

⑦必须随时清除锯台面上的遗料,保持锯台整洁。清除遗料时,严禁直接用手清除。清除锯末及调整部件,必须先切断电源、待机械停止运转后方可进行。

⑧严禁使用木棒或木块制动锯片的方法停车。

(14)使用裁口机作业应符合下列要求。

①应根据材料规格调整盖板。作业时应一手按压、一手推进。刨或锯到头时,应将手移到刨刀或锯片的前面。

②送料速度应缓慢、均匀,不得猛拉猛推,遇硬节疤应慢推。必须待出料超过刨口15cm后方可接料。

③裁硬木口时,每次深度不得超过1.5cm,高度不得超过5cm;裁松木口,每次深度不得超过2cm,高度不得超过6cm。严禁在中间插刀。

④裁刨圆木料必须用圆形靠山,用手压牢,慢速送料。

⑤机器运转时,严禁在防护罩和台面上放置任何物品。

二、现场施工安全操作基本规定

1. 杜绝"三违"现象

员工遵章守纪,是实现安全生产的基础。员工在生产过程中,不仅要有熟练的技术,而且必须自觉遵守各项操作规程和劳动纪律,远离"三违",即违章指挥、违章操作、违反劳动纪律。

(1)违章指挥。企业负责人和有关管理人员法制观念淡薄,缺乏安全知识,思想上存有侥幸心理,对国家、集体的财产和人民群众的生命安全不负责任。明知不符合安全生产有关条件,仍指挥作业人员冒险作业。

(2)违章作业。作业人员没有安全生产常识,不懂安全生产规章制度和操作规程,或者在知道基本安全知识的情况下,在作业过程中,违反安全生产规章制度和操作规程,不顾国家、集体的财产和他人、自己的生命安全,擅自作业,冒险蛮干。

(3)违反劳动纪律。上班时不知道劳动纪律,或者不遵守劳动纪律,违反劳动纪律进行冒险作业,造成不安全因素。

2. 牢记"三宝"和"四口、五临边"

(1)"三宝"指安全帽、安全带、安全网。安全帽、安全带、安全网是工人的三件宝,只有正确佩戴和使用,才可以保证个人安全。

(2)"四口"指楼梯口、电梯井口、预留洞口、通道口。"五临边"是指尚未安装栏杆的阳台周边、无外架防护的层面周边、框架工程楼层周边、上下跑道及斜道的两侧边、卸料平台的侧边。

"四口、五临边"是施工现场最危险和最容易发生事故的地方,因此对施工现场重要危险部位进行正确的防护,可以有效地减少事故发生,为工人作业提供一个安全的环境。

3.做到"三不伤害"

"三不伤害"是指不伤害自己、不伤害他人、不被他人伤害。

施工现场每一个操作人员和管理人员都要增强自我保护意识,同时也要对安全生产自觉负起监督的责任,才能达到全员安全的目的。

施工时经常有上下层或者不同工种、不同队伍互相交叉作业的情况,要避免这时候发生危险。相互间协调好,上层作业时,要对作业区域围蔽,有人值守,防止人员进入作业区下方。此外落物伤人,也是工地经常发生的事故之一,进入施工现场,一定要戴好安全帽。作业过程中,观察周围,不伤害他人,也不被他人伤害,这是工地安全的基本原则。自己不违章,只能保证不伤害自己,不伤害别人。要做到不被别人伤害,就要及时制止他人违章。制止他人违章既保护了自己,也保护了他人。

4.加强"三懂三会"能力

"三懂三会"即懂得本岗位和部门有什么火灾危险性,懂得灭火知识,懂得预防措施;会报火警,会使用灭火器材,会处理初起火灾。

5.掌握"十项安全技术措施"

(1)按规定使用安全"三宝"。

(2)机械设备防护装置一定要齐全有效。

(3)塔吊等起重设备必须有限位保险装置,不准带病运转,不准超负荷作业,不准在运转中维修保养。

(4)架设电线线路必须符合当地电业局的规定,电气设备必须全部接零接地。

(5)电动机械和手持电动工具要设置漏电保护器。

(6)脚手架材料及脚手架的搭设必须符合规程要求。

(7)各种缆风绳及其设置必须符合规程要求。

(8)在建工程的楼梯口、电梯口、预留洞口、通道口,必须有防护设施。

(9)严禁赤脚或穿高跟鞋、拖鞋进入施工现场,高空作业不准穿硬底和带钉易滑的鞋靴。

(10)施工现场的悬崖、陡坎等危险地区应设警戒标志,夜间要设红灯示警。

6.施工现场行走或上下的"十不准"

(1)不准从正在起吊、运吊中的物件下通过。

(2)不准从高处往下跳或奔跑作业。

(3)不准在没有防护的外墙和外壁板等建筑物上行走。

(4)不准站在小推车等不稳定的物体上操作。

(5)不得攀登起重臂、绳索、脚手架、井字架、龙门架和随同运料的吊盘及吊装物上下。

(6)不准进入挂有"禁止出入"或设有危险警示标志的区域、场所。

(7)不准在重要的运输通道或上下行走通道上逗留。

(8)未经允许不准私自进入非本单位作业区域或管理区域,尤其是存有易燃、易爆物品的场所。

(9)严禁在无照明设施、无足够采光条件的区域、场所内行走、逗留。

(10)不准无关人员进入施工现场。

7. 做到"十不盲目操作"

做到"十不盲目操作",是防止违章和事故的基本操作要求。

(1)新工人未经三级安全教育,复工换岗人员未经安全岗位教育,不盲目操作。

(2)特殊工种人员、机械操作工未经专门安全培训,无有效安全上岗操作证,不盲目操作。

(3)施工环境和作业对象情况不清,施工前无安全措施或作业安全交底不清,不盲目操作。

(4)新技术、新工艺、新设备、新材料、新岗位无安全措施,未进行安全培训教育、交底,不盲目操作。

(5)安全帽和作业所必需的个人防护用品不落实,不盲目操作。

(6)脚手、吊篮、塔吊、井字架、龙门架、外用电梯、起重机械、电焊机、钢筋机械、木工平刨、圆盘锯、搅拌机、打桩机等设施设备和现浇混凝土模板支撑、搭设安装后,未经验收合格,不盲目操作。

(7)作业场所安全防护措施不落实,安全隐患不排除,威胁人身和国家财产安全时,不盲目操作。

(8)凡上级或管理干部违章指挥,有冒险作业情况时,不盲目操作。

(9)高处作业、带电作业、禁火区作业、易燃易爆作业、爆破性作业、有中毒或窒息危险的作业和科研实验等其他危险作业的,均应由上级指派,并经安全交底;未经指派批准、未经安全交底和无安全防护措施,不盲目操作。

(10)隐患未排除,有自己伤害自己、自己伤害他人、自己被他人伤害的不安全因素存在时,不盲目操作。

8. "防止坠落和物体打击"的十项安全要求

(1)高处作业人员必须着装整齐,严禁穿硬塑料底等易滑鞋、高跟鞋,工具应随手放入工具袋中。

(2)高处作业人员严禁相互打闹,以免失足发生坠落事故。

(3)在进行攀登作业时,攀登用具结构必须牢固可靠,使用必须正确。

(4)各类手持机具使用前应检查,确保安全牢靠。洞口临边作业应防止物件坠落。

(5)施工人员应从规定的通道上下,不得攀爬脚手架、跨越阳台,不得在非规定通道进行攀登、行走。

(6)进行悬空作业时,应有牢靠的立足点并正确系挂安全带;现场应视具体情况配置防护栏网、栏杆或其他安全设施。

(7)高处作业时,所有物料应该堆放平稳,不可放置在临边或洞口附近,且不可妨碍通行。

(8)高处拆除作业时,对拆卸下的物料、建筑垃圾都要加以清理和及时运走,不得在走道上任意乱置或向下丢弃,保持作业走道畅通。

(9)高处作业时,不准往下或向上乱抛材料和工具等物件。

(10)各施工作业场所内,凡有坠落可能的任何物料,都应先行撤除或加以固定,拆卸作业要在设有禁区、有人监护的条件下进行。

9. 防止机械伤害的"一禁、二必须、三定、四不准"

(1)一禁。不懂电器和机械的人员严禁使用和摆弄机电设备。

(2)二必须。

①机电设备应完好,必须有可靠有效的安全防护装置。

②机电设备停电、停工休息时必须拉闸关机,按要求上锁。

(3)三定。

①机电设备应做到定人操作,定人保养、检查。

②机电设备应做到定机管理、定期保养。

③机电设备应做到定岗位和岗位职责。

(4)四不准。

①机电设备不准带病运转。

②机电设备不准超负荷运转。

③机电设备不准在运转时维修保养。

④机电设备运行时,操作人员不准将头、手、身伸入运转的机械行程范围内。

10."防止车辆伤害"的十项安全要求

(1)未经劳动、公安交通部门培训合格的持证人员,不熟悉车辆性能者不得驾驶车辆。

(2)应坚持做好例保工作,车辆制动器、喇叭、转向系统、灯光等影响安全的部件如作用不良,不准出车。

(3)严禁翻斗车、自卸车的车厢乘人,严禁人货混装,车辆载货应不超载、超高、超宽,捆扎应牢固可靠,应防止车内物体失稳跌落伤人。

(4)乘坐车辆应坐在安全处,头、手、身不得露出车厢外,要避免车辆启动制动时跌倒。

(5)车辆进出施工现场,在场内掉头、倒车,在狭窄场地行驶时应有专人指挥。

(6)现场行车进场要减速,并做到"四慢",即道路情况不明要慢、线路不良要慢、起步、会车、停车要慢,在狭路、桥梁弯路、坡路、叉道、行人拥挤地点及出入大门时要慢。

(7)临近机动车道的作业区和脚手架等设施以及道路中的路障,应加设安全色标、安全标志和防护措施,并要确保夜间有充足的照明。

(8)装卸车作业时,若车辆停在坡道上,应在车轮两侧用楔形木块加以固定。

(9)人员在场内机动车道应避免右侧行走,并做到不平排结队有碍交通;避让车辆时,应不避让于两车交会之中,不站于旁有堆物无法退让的死角。

(10)机动车辆不得牵引无制动装置的车辆,牵引物体时物体上不得有人,人不得进入正在牵引的物与车之间,坡道上牵引时,车和被牵引物下方不得有人作业和停留。

11. "防止触电伤害"的十项安全操作要求

根据安全用电"装得安全、拆得彻底、用得正确、修得及时"的基本要求,为防止触电伤害的操作要求有:

(1)非电工严禁拆接电气线路、插头、插座、电气设备、电灯等。

(2)使用电气设备前必须检查线路、插头、插座、漏电保护装置是否完好。

(3)电气线路或机具发生故障时,应找电工处理,非电工不得自行修理或排除故障。

(4)使用振捣器等手持电动机械和其他电动机械从事湿作业时,要由电工接好电源,安装上漏电保护器,操作者必须穿戴好绝缘鞋、绝缘手套后再进行作业。

(5)搬迁或移动电气设备必须先切断电源。

(6)搬运钢筋、钢管及其他金属物时,严禁触碰到电线。

(7)禁止在电线上挂晒物料。

（8）禁止使用照明器烘烤、取暖，禁止擅自使用电炉和其他电加热器。

（9）在架空输电线路附近工作时，应停止输电，不能停电时，应有隔离措施，要保持安全距离，防止触碰。

（10）电线必须架空，不得在地面、施工楼面随意乱拖，若必须通过地面、楼面时，应有过路保护，物料、车、人不准压踏碾磨电线。

12. 施工现场防火安全规定

（1）施工现场要有明显的防火宣传标志。

（2）施工现场必须设置临时消防车道。其宽度不得小于3.5m，并保证临时消防车道的畅通，禁止在临时消防车道上堆物、堆料或挤占临时消防车道。

（3）施工现场必须配备消防器材，做到布局合理。要害部位应配备不少于 4 具的灭火器，要有明显的防火标志，并经常检查、维护、保养，保证灭火器材灵敏有效。

（4）施工现场消火栓应布局合理，消防干管直径不小于100mm，消火栓处昼夜要设有明显标志，配备足够的水龙带，周围 3m 内不准存放物品。地下消火栓必须符合防火规范。

（5）高度超过 24m 的建筑工程，应安装临时消防竖管。管径不得小于 75mm，每层设消火栓口，配备足够的水龙带。消防水要保证足够的水源和水压，严禁消防竖管作为施工用水管线。消防泵房应使用非燃材料建造，位置设置合理，便于操作，并设专人管理，保证消防供水。消防泵的专用配电线路应引自施工现场总断路器的上端，要保证连续不间断供电。

（6）电焊工、气焊工从事电气设备安装的电焊、气焊切割作业，要有操作证和用火证。用火前，要对易燃、可燃物采取清除、隔离等措施,配备看火人员和灭火器具,作业后必须确认无火源隐患后方可离去。用火证当日有效。用火地点变换,要重新办理用火证手续。

(7)氧气瓶、乙炔瓶工作间距不小于 5m,两瓶与明火作业距离不小于 10m。建筑工程内禁止氧气瓶、乙炔瓶存放,禁止使用液化石油气"钢瓶"。

(8)施工现场使用的电气设备必须符合防火要求。临时用电必须安装过载保护装置,电闸箱内不准使用易燃、可燃材料。严禁超负荷使用电气设备。

(9)施工材料的存放、使用应符合防火要求。库房应采用非燃材料支搭,易燃易爆物品应专库储存,分类单独存放,保持通风,用电符合防火规定。不准在工程内、库房内调配油漆、稀料。

(10)工程内部不准作为仓库使用,不准存放易燃、可燃材料,因施工需要进入工程内部的可燃材料,要根据工程计划限量进入并采取可靠的防火措施。废弃材料应及时消除。

(11)施工现场使用的安全网、密目式安全网、密目式防尘网、保温材料,必须符合消防安全规定,不得使用易燃、可燃材料。

(12)施工现场严禁吸烟,不得在建筑工程内部设置宿舍。

(13)施工现场和生活区,未经有关部门批准不得使用电热器具。严禁工程中明火保温施工及宿舍内明火取暖。

(14)从事油漆粉刷或防水等有毒及易燃危险作业时,要有具体的防火要求,必要时派专人看护。

(15)生活区的设置必须符合消防管理规定。严禁使用可燃材料搭设,宿舍内不得卧床吸烟,房间内住 20 人以上必须设置不少于 2 处的安全门,居住 100 人以上,要有消防安全通道及人员疏散预案。

(16)生活区的用电要符合防火规定。食堂使用的燃料必须符合使用规定,用火点和燃料不能在同一房间内,使用时要有专人管理,停火时将总开关关闭,经常检查有无泄漏。

三、高处作业安全知识

1. 高处作业的一般施工安全规定和技术措施

按照《高处作业分级》(GB/T 3608—2008)规定:凡在坠落高度基准面 2m 以上(含 2m)的可能坠落的高处所进行的作业,都称为高处作业。

在施工现场高处作业中,如果未防护、防护不好或作业不当都可能发生人或物的坠落。人从高处坠落的事故,称为高处坠落事故。物体从高处坠落砸着下面人的事故,称为物体打击事故。建筑施工中的高处作业主要包括临边、洞口、攀登、悬空、交叉作业等类型,这些是高处作业伤亡事故可能发生的主要地点。

高处作业时的安全措施有设置防护栏杆,孔洞加盖,安装安全防护门,满挂安全平立网,必要时设置安全防护棚等。

(1)施工前,应逐级进行安全技术教育及交底,落实所有安全技术措施和个人防护用品,未经落实时不得进行施工。

(2)高处作业中的安全标志、工具、仪表、电气设施和各种设备,必须在施工前加以检查,确认其完好,方能投入使用。

(3)悬空、攀登高处作业以及搭设高处安全设施的人员必须按照国家有关规定,经过专门的安全作业培训,并取得特种作业操作资格证书后,方可上岗作业。

(4)从事高处作业的人员必须定期进行身体检查,诊断患有心脏病、贫血、高血压、癫痫病、恐高症及其他不适宜高处作业的疾病时,不得从事高处作业。

(5)高处作业人员应头戴安全帽,身穿紧口工作服,脚穿防滑鞋,腰系安全带。

(6)高处作业场所有坠落可能的物体,应一律先行撤除或予以固定。所用物件均应堆放平稳,不妨碍通行和装卸。工具应随手放入工具袋,拆卸下的物件及余料和废料均应及时清理运走,清理时应采用传递或系绳提溜方式,禁止抛掷。

(7)遇有六级以上强风、浓雾和大雨等恶劣天气,不得进行露天悬空与攀登高处作业。台风暴雨后,应对高处作业安全设施逐一检查,发现有松动、变形、损坏或脱落、漏雨、漏电等现象,应立即修理完善或重新设置。

(8)所有安全防护设施和安全标志等,任何人都不得损坏或擅自移动和拆除。因作业必须临时拆除或变动安全防护设施、安全标志时,必须经有关施工负责人同意,并采取相应的可靠措施,作业完毕后立即恢复。

(9)施工中对高处作业的安全技术设施发现有缺陷和隐患时,必须立即报告,及时解决。危及人身安全时,必须立即停止作业。

2. 高处作业的基本安全技术措施

(1)凡是临边作业,都要在临边处设置防护栏杆,一般上杆离地面高度为 1.0~1.2m,下杆离地面高度为 0.5~0.6m;防护栏杆必须自上而下用安全网封闭,或在栏杆下边设置严密固定的高度不低于 18cm 的挡脚板或 40cm 的挡脚竹笆。

(2)对于洞口作业,可根据具体情况采取设防护栏杆、加盖板、张挂安全网与装栅门等措施。

(3)进行攀登作业时,作业人员要从规定的通道上下,不能在阳台之间等非规定通道进行攀登,也不得任意利用吊车车臂架等施工设备进行攀登。

（4）进行悬空作业时，要设有牢靠的作业立足处，并视具体情况设防护栏杆，搭设架手架、操作平台，使用马凳，张挂安全网或其他安全措施；作业所用索具、脚手板、吊篮、吊笼、平台等设备，均需经技术鉴定方能使用。

（5）进行交叉作业时，注意不得在上下同一垂直方向上操作，下层作业的位置必须处于依上层高度确定的可能坠落范围之外。不符合以上条件时，必须设置安全防护层。

（6）结构施工自二层起，凡人员进出的通道口（包括井架、施工电梯的进出口），均应搭设安全防护棚。高度超过 24m 时，防护棚应设双层。

（7）建筑施工进行高处作业之前，应进行安全防护设施的检查和验收。验收合格后，方可进行高处作业。

3. 高处作业安全防护用品使用常识

由于建筑行业的特殊性，高处作业中发生高处坠落、物体打击事故的比例最大。要避免伤亡事故，作业人员必须正确佩戴安全帽，调好帽箍，系好帽带；正确使用安全带，高挂低用；按规定架设安全网。

（1）安全帽。对人体头部受外力伤害（如物体打击）起防护作用的帽子。使用时要注意：

①选用经有关部门检验合格，其上有"安鉴"标志的安全帽。

②使用安全帽前先检查外壳是否破损，有无合格帽衬，帽带是否齐全，如果不符合要求则立即更换。

③调整好帽箍、帽衬（4～5cm），系好帽带。

（2）安全带。高处作业人员预防坠落伤亡的防护用品。使用时要注意：

①选用经有关部门检验合格的安全带,并保证在使用有效期内。

②安全带严禁打结、续接。

③使用中,要可靠地挂在牢固的地方,高挂低用,且要防止摆动,避免明火和刺割。

④2m 以上的悬空作业,必须使用安全带。

⑤在无法直接挂设安全带的地方,应设置挂安全带的安全拉绳、安全栏杆等。

(3)安全网。用来防止人、物坠落或用来避免、减轻坠落及物体打击伤害的网具。使用时要注意:

①要选用有合格证的安全网;在使用时,必须按规定到有关部门检测、检验合格,方可使用。

②安全网若有破损、老化,应及时更换。

③安全网与架体连接不宜绷得太紧,系结点要沿边分布均匀、绑牢。

④立网不得作为平网使用。

⑤立网必须选用密目式安全网。

四、脚手架作业安全技术常识

1. 脚手架的作用及常用架型

脚手架的搭设、拆除作业属悬空、攀登高处作业,其作业人员必须按照国家有关规定经过专门的安全作业培训,并取得特种作业操作资格证书后,方可上岗作业。其他无资格证书的作业人员只能做一些辅助工作,严禁悬空、登高作业。

脚手架的主要作用是在高处作业时供堆料、短距离水平运输及作业人员在上面进行施工作业。高处作业的五种基本类型的安全隐患在脚手架上作业中都会发生。

脚手架应满足以下基本要求：

（1）要有足够的牢固性和稳定性，保证施工期间在所规定的荷载和气候条件下，不产生变形、倾斜和摇晃。

（2）要有足够的使用面积，满足堆料、运输、操作和行走的要求。

（3）构造要简单，搭设、拆除和搬运要方便。

常用脚手架有扣件式钢管脚手架、门型钢管脚手架、碗扣式钢管架等。此外还有附着升降脚手架、吊篮式脚手架、挂式脚手架等。

2.脚手架作业一般安全技术常识

（1）每项脚手架工程都要有经批准的施工方案并严格按照此方案搭设和拆除，作业前必须组织全体作业人员熟悉施工和作业要求，进行安全技术交底。班组长要带领作业人员对施工作业环境及所需工具、安全防护设施等进行检查，消除隐患后方可作业。

（2）脚手架要结合工程进度搭设，结构施工时脚手架要始终高出作业面一步架，但不宜一次搭得过高。未完成的脚手架，作业人员离开作业岗位（休息或下班）时，不得留有未固定的构件，并应保证架子稳定。

脚手架要经验收签字后方可使用。分段搭设时应分段验收。在使用过程中要定期检查，较长时间停用、台风或暴雨过后使用前要进行检查加固。

（3）落地式脚手架基础必须坚实，若是回填土，必须平整夯实，并做好排水措施，以防止地基沉陷引起架子沉降、变形、倒塌。当基础不能满足要求时，可采取挑、吊、撑等技术措施，将荷载分段卸到建筑物上。

(4)设计搭设高度较小(15m以下)时,可采用抛撑;当设计高度较大时,采用既抗拉又抗压的连墙点(根据规范用柔性或刚性连墙点)。

(5)施工作业层的脚手板要满铺、牢固,离墙间隙不大于15cm,并不得出现探头板;在架子外侧四周设1.2m高的防护栏杆及18cm的挡脚板,且在作业层下装设安全平网;架体外排立杆内侧挂设密目式安全立网。

(6)脚手架出入口须设置规范的通道口防护棚;外侧临街或高层建筑脚手架,其外侧应设置双层安全防护棚。

(7)架子使用中,通常架上的均布荷载,不应超过规范规定。人员、材料不要太集中。

(8)在防雷保护范围之外,应按规定安装防雷保护装置。

(9)脚手架拆除时,应设警戒区和醒目标志,有专人负责警戒;架体上的材料、杂物等应消除干净;架体若有松动或危险的部位,应予以先行加固,再进行拆除。

(10)拆除顺序应遵循"自上而下,后装的构件先拆,先装的后拆,一步一清"的原则,依次进行。不得上下同时拆除作业,严禁用踏步式、分段、分立面拆除法。

(11)拆下来的杆件、脚手板、安全网等应用运输设备运至地面,严禁从高处向下抛掷。

五、施工现场临时用电安全知识

1. 现场临时用电安全基本原则

(1)建筑施工现场的电工、电焊工属于特种作业工种,必须按国家有关规定经专门安全作业培训,取得特种作业操作资格证书,方可上岗作业。其他人员不得从事电气设备及电气线路的安装、维修和拆除。

(2)建筑施工现场必须采用 TN-S 接零保护系统,即具有专用保护零线(PE 线)、电源中性点直接接地的 220/380V 三相五线制系统。

(3)建筑施工现场必须按"三级配电二级保护"设置。

(4)施工现场的用电设备必须实行"一机、一闸、一漏、一箱"制,即每台用电设备必须有自己专用的开关箱,专用开关箱内必须设置独立的隔离开关和漏电保护器。

(5)严禁在高压线下方搭设临建、堆放材料和进行施工作业;在高压线一侧作业时,必须保持至少 6m 的水平距离,达不到上述距离时,必须采取隔离防护措施。

(6)在宿舍工棚、仓库、办公室内,严禁使用电饭煲、电水壶、电炉、电热杯等较大功率电器。如需使用,应由项目部安排专业电工在指定地点安装,可使用较高功率电器的电气线路和控制器。严禁使用不符合安全要求的电炉、电热棒等。

(7)严禁在宿舍内乱拉、乱接电源,非专职电工不准乱接或更换熔丝,不准以其他金属丝代替熔丝(保险丝)。

(8)严禁在电线上晾衣服和挂其他东西等。

(9)搬运较长的金属物体,如钢筋、钢管等材料时,应注意不要碰触到电线。

(10)在临近输电线路的建筑物上作业时,不能随便往下扔金属类杂物;更不能触摸、拉动电线或与电线接触的钢丝和电杆的拉线。

(11)移动金属梯子和操作平台时,要观察高处输电线路与移动物体的距离,确认有足够的安全距离,再进行作业。

(12)在地面或楼面上运送材料时,不要踏在电线上;停放手推车,堆放钢模板、跳板、钢筋时,不要压在电线上。

(13)移动有电源线的机械设备,如电焊机、水泵、小型木工机械等,必须先切断电源,不能带电搬动。

(14)当发现电线坠地或设备漏电时,切不可随意跑动和触摸金属物体,并应保持 10m 以上距离。

2. 安全电压

安全电压是为防止触电事故而采用的 50V 以下特定电源供电的电压系列,分为 42V、36V、24V、12V 和 6V 五个等级,根据不同的作业条件,选用不同的安全电压等级。建筑施工现场常用的安全电压有 12V、24V、36V。

以下特殊场所必须采用安全电压照明供电:

(1)室内灯具离地面低于 2.4m、手持照明灯具、一般潮湿作业场所(地下室、潮湿室内、潮湿楼梯、隧道、人防工程以及有高温、导电灰尘等)的照明,电源电压应不大于 36V。

(2)潮湿和易触及带电体场所的照明电源电压,应不大于 24V。

(3)在特别潮湿的场所、锅炉或金属容器内、导电良好的地面使用手持照明灯具等,照明电源电压不得大于 12V。

3. 电线的相色

(1)正确识别电线的相色。

电源线路可分为工作相线(火线)、专用工作零线和专用保护零线。一般情况下,工作相线(火线)带电危险,专用工作零线和专用保护零线不带电(但在不正常情况下,工作零线也可以带电)。

(2)相色规定。

一般相线(火线)分为 A、B、C 三相,分别为黄色、绿色、红色；工作零线为黑色；专用保护零线为黄绿双色线。

严禁用黄绿双色、黑色、蓝色线充当相线，也严禁用黄色、绿色、红色线作为工作零线和保护零线。

4. 插座的使用

要正确使用与安装插座。

(1)插座分类。

常用的插座分为单相双孔、单相三孔和三相三孔、三相四孔等。

(2)选用与安装接线。

①三孔插座应选用"品字形"结构，不应选用等边三角形排列的结构，因为后者容易发生三孔互换，造成触电事故。

②插座在电箱中安装时，必须首先固定安装在安装板上，接地极与箱体一起作可靠的 PE 保护。

③三孔或四孔插座的接地孔（较粗的一个孔），必须置于顶部位置，不可倒置，两孔插座应水平并列安装，不准垂直并列安装。

④插座接线要求：对于两孔插座，左孔接零线，右孔接相线；对于三孔插座，左孔接零线，右孔接相线，上孔接保护零线；对于四孔插座，上孔接保护零线，其他三孔分别接 A、B、C 三根相线。

5. "用电示警"标志

正确识别"用电示警"标志或标牌，不得随意靠近、随意损坏和挪动标牌（表 3-1）。进入施工现场的每个人都必须认真遵守用电管理规定，见到用电示警标志或标牌时，不得随意靠近，更不准随意损坏、挪动标牌。

表 3-1　　　　　　　　　用电示警标志分类和使用

分类 ＼ 使用	颜色	使用场所
常用电力标志	红色	配电房、发电机房、变压器等重要场所
高压示警标志	字体为黑色,箭头和边框为红色	需高压示警场所
配电房示警标志	字体为红色,边框为黑色(或字与边框交换颜色)	配电房或发电机房
维护检修示警标志	底为红色,字为白色(或字为红色,底为白色,边框为黑色)	维护检修时相关场所
其他用电示警标志	箭头为红色,边框为黑色,字为红色或黑色	其他一般用电场所

6. 电气线路的安全技术措施

(1)施工现场电气线路全部采用"三相五线制"(TN-S 系统)专用保护接零(PE 线)系统供电。

(2)施工现场架空线采用绝缘铜线。

(3)架空线设在专用电杆上,严禁架设在树木、脚手架上。

(4)导线与地面保持足够的安全距离。

导线与地面最小垂直距离:施工现场应不小于 4m;机动车道应不小于 6m;铁路轨道应不小于 7.5m。

(5)无法保证规定的电气安全距离时,必须采取防护措施。

如果由于在建工程位置限制而无法保证规定的电气安全距离,必须采取设置防护性遮拦、栅栏,悬挂警告标志牌等防护措施,发生高压线断线落地时,非检修人员要远离落地处 10m 以外,以防跨步电压危害。

(6)为了防止设备外壳带电发生触电事故,设备应采用保护接零,并安装漏电保护器等措施。作业人员要经常检查保护零线连接是否牢固可靠,漏电保护器是否有效。

(7)在电箱等用电危险地方,挂设安全警示牌。如"有电危险""禁止合闸,有人工作"等。

7. 照明用电的安全技术措施

施工现场临时照明用电的安全要求如下:

(1)临时照明线路必须使用绝缘导线。户内(工棚)临时线路的导线必须安装在离地 2m 以上的支架上;户外临时线路必须安装在离地 2.5m 以上的支架上,零星照明线不允许使用花线,一般应使用软电缆线。

(2)建设工程的照明灯具宜采用拉线开关。拉线开关距地面高度为 2～3m,与出口、入口的水平距离为 0.15～0.2m。

(3)严禁在床头设立开关和插座。

(4)电器、灯具的相线必须经过开关控制。

不得将相线直接引入灯具,也不允许以电气插头代替开关来分合电路,室外灯具距地面不得低于 3m;室内灯具不得低于 2.4m。

(5)使用手持照明灯具(行灯)应符合一定的要求:

①电源电压不超过 36V。

②灯体与手柄应坚固,绝缘良好,并耐热防潮湿。

③灯头与灯体结合牢固。

④灯泡外部要有金属保护网。

⑤金属网、反光罩、悬吊挂钩应固定在灯具的绝缘部位上。

(6)照明系统中每一单相回路上,灯具和插座数量不宜超过25 个,并应装设熔断电流为 15A 以下的熔断保护器。

8. 配电箱与开关箱的安全技术措施

施工现场临时用电一般采用三级配电方式,即总配电箱(或配电室),下设分配电箱,再以下设开关箱,开关箱以下就是用电设备。

配电箱和开关箱的使用安全要求如下:

(1)配电箱、开关箱的箱体材料,一般应选用钢板,亦可选用绝缘板,但不宜选用木质材料。

(2)配电箱、开关箱应安装端正、牢固,不得倒置、歪斜。

固定式配电箱、开关箱的下底与地面垂直距离应大于或等于 1.3m 且小于或等于 1.5m;移动式配电箱、开关箱的下底与地面的垂直距离应大于或等于 0.6m 且小于或等于 1.5m。

(3)进入开关箱的电源线,严禁用插销连接。

(4)电箱之间的距离不宜太远。

配电箱与开关箱的距离不得超过 30m。开关箱与固定式用电设备的水平距离不宜超过 3m。

(5)每台用电设备应有各自专用的开关箱,且必须满足"一机、一闸、一漏、一箱"的要求,严禁用同一个开关电器直接控制两台及两台以上用电设备(含插座)。

开关箱中必须设漏电保护器,其额定漏电动作电流应不大于 30mA,漏电动作时间应不大于 0.1s。

(6)所有配电箱门应配锁,不得在配电箱和开关箱内挂接或插接其他临时用电设备,开关箱内严禁放置杂物。

(7)配电箱、开关箱的接线应由电工操作,非电工人员不得乱接。

9. 配电箱和开关箱的使用要求

(1)在停电、送电时,配电箱、开关箱之间应遵守合理的操作顺序。

送电操作顺序:总配电箱→分配电箱→开关箱。

断电操作顺序:开关箱→分配电箱→总配电箱。

正常情况下,停电时首先分断自动开关,然后分断隔离开关;送电时先合隔离开关,后合自动开关。

(2)使用配电箱、开关箱时,操作者应接受岗前培训,熟悉所使用设备的电气性能和掌握有关开关的正确操作方法。

(3)及时检查、维修,更换熔断器的熔丝必须用原规格的熔丝,严禁用铜线、铁线代替。

(4)配电箱的工作环境应经常保持设置时的要求,不得在其周围堆放任何杂物,保持必要的操作空间和通道。

(5)维修机器停电作业时,要与电源负责人联系停电,要悬挂警示标志,卸下保险丝,锁上开关箱。

10. 手持电动机具的安全使用要求

(1)一般场所应选用Ⅰ类手持式电动工具,并应装设额定漏电动作电流不大于15mA、额定漏电动作时间小于0.1s的漏电保护器。

(2)在露天、潮湿场所或金属构架上操作时,必须选用Ⅱ类手持式电动工具,并装设漏电保护器,严禁使用Ⅰ类手持式电动工具。

(3)负荷线必须采用耐用的橡皮护套铜芯软电缆。

单相用三芯(其中一芯为保护零线)电缆;三相用四芯(其中一芯为保护零线)电缆;电缆不得有破损或老化现象,中间不得有接头。

（4）手持电动工具应配备装有专用的电源开关和漏电保护器的开关箱，严禁一台开关接两台以上设备，其电源开关应采用双刀控制。

（5）手持电动工具开关箱内应采用插座连接，其插头、插座应无损坏、无裂纹，且绝缘良好。

（6）使用手持电动工具前，必须检查外壳、手柄、负荷线、插头等是否完好无损，接线是否正确（防止相线与零线错接）；发现工具外壳、手柄破裂，应立即停止使用并进行更换。

（7）非专职人员不得擅自拆卸和修理工具。

（8）作业人员使用手持电动工具时，应穿绝缘鞋，戴绝缘手套，操作时握其手柄，不得利用电缆提拉。

（9）长期搁置不用或受潮的工具在使用前应由电工测量绝缘阻值是否符合要求。

11. 触电事故及原因分析

（1）缺乏电气安全知识，自我保护意识淡薄。

电气设施安装或接线不是由专业电工操作，而是由非专业人员安装。安装人又无基本的电气安全知识，装设不符合电气基本要求，造成意外的触电事故。发生这种触电事故的原因都是缺乏电气安全知识，无自我保护意识。

（2）违反安全操作规程。

施工现场中，有人图方便，不用插头，在电箱乱拉乱接电线。还有人在宿舍私自拉接电线照明，在床上接音响设备、电风扇，有的甚至烧水、做饭等，极易造成触电事故。也有人凭经验用手去试探电器是否带电或不采取安全措施带电作业，或带着侥幸心理，在带电体（如高压线）周围，不采取任何安全措施，违章作业,造成触电事故等。

(3)不使用"TN-S"接零保护系统。

有的工地未使用"TN-S"接零保护系统,或者未按要求连接专用保护接零线,无有效地安全保护系统。不按"三级配电二级保护""一机、一闸、一漏、一箱"设置,造成工地用电使用混乱,易造成误操作,并且在触电时,使得安全保护系统未起可靠的安全保护效果。

(4)电气设备安装不合格。

电气设备安装必须遵守安全技术规定,否则由于安装错误,当人身接触带电部分时,就会造成触电事故。如电线高度不符合安全要求,太低,架空线乱拉、乱扯,有的还将电线拴在脚手架上,导线的接头只用老化的绝缘布包上,以及电气设备没有做保护接地、保护接零等,一旦漏电就会发生严重触电事故。

(5)电气设备缺乏正常检修和维护。

由于电气设备长期使用,易出现电气绝缘老化、导线裸露、胶盖刀闸胶木破损、插座盖子损坏等。如不及时检修,一旦漏电,将造成严重后果。

(6)偶然因素。

电力线被风刮断,导线接触地面引起跨步电压,当人走近该地区时就会发生触电事故。

六、起重吊装机械安全操作常识

1. 基本要求

塔式起重机、施工电梯、物料提升机等施工起重机械的操作(也称为司机)、指挥、司索等作业人员属特种作业,必须按国家有关规定经专门安全作业培训,取得特种作业操作资格证书,方可上岗作业。

施工起重机械（也称垂直运输设备）必须由有相应的制造（生产）许可证的企业生产，并有出厂合格证。其安装、拆除、加高及附墙施工作业，必须由有相应作业资格的队伍作业，作业人员必须按国家有关规定经专门安全作业培训，取得特种作业操作资格证书，方可上岗作业。其他非专业人员不得上岗作业。安装、拆卸、加高及附墙施工作业前，必须有经审批、审查的施工方案，并进行方案及安全技术交底。

▶ 2. 塔式起重机使用安全常识

（1）起重机"十不吊"。

①起重臂和吊起的重物下面有人停留或行走不准吊。

②起重指挥应由技术培训合格的专职人员担任，无指挥或信号不清不准吊。

③钢筋、型钢、管材等细长和多根物件必须捆扎牢靠，多点起重。单头"千斤"或捆扎不牢靠不准吊。

④多孔板、积灰斗、手推翻斗车不用四点吊或大模板外挂板不用卸甲不准吊。预制钢筋混凝土楼板不准双拼吊。

⑤吊砌块必须使用安全可靠的砌块夹具，吊砖必须使用砖笼，并堆放整齐。木砖、预埋件等零星物件要用盛器堆放稳妥，叠放不齐不准吊。

⑥楼板、大梁等吊物上站人不准吊。

⑦埋入地下的板桩、井点管等以及粘连、附着的物件不准吊。

⑧多机作业，应保证所吊重物距离不小于3m，在同一轨道上多机作业，无安全措施不准吊。

⑨六级以上强风不准吊。

⑩斜拉重物或超过机械允许荷载不准吊。

(2)塔式起重机吊运作业区域内严禁无关人员入内,起吊物下方不准站人。

(3)司机(操作)、指挥、司索等工种应按有关要求配备,其他人员不得作业。

(4)六级以上强风不准吊运物件。

(5)作业人员必须听从指挥人员的指挥,吊物起吊前作业人员应撤离。

(6)吊物的捆绑要求。

①吊运物件时,应清楚重量,吊运点及绑扎应牢固可靠。

②吊运散件物时,应用铁制合格料斗,料斗上应设有专用的牢固的吊装点;料斗内装物高度不得超过料斗上口边,散粒状的轻浮易撒物盛装高度应低于上口边线 10cm。

③吊运长条状物品(如钢筋、长条状方等),所吊物件应在物品上选择两个均匀、平衡的吊点,绑扎牢固。

④吊运有棱角、锐边的物品时,钢丝绳绑扎处应做好防护措施。

3.施工电梯使用安全常识

施工电梯也称外用电梯,也有称为(人、货两用)施工升降机,是施工现场垂直运输人员和材料的主要机械设备。

(1)施工电梯投入使用前,应在首层搭设出入口防护棚,防护棚应符合有关高处作业规范。

(2)电梯在大雨、大雾、六级以上大风以及导轨架、电缆等结冰时,必须停止使用,并将梯笼降到底层,切断电源。暴风雨后,应对电梯各安全装置进行一次检查,确认正常,方可使用。

(3)电梯底笼周围 2.5m 范围,应设置防护栏杆。

（4）电梯各出料口运输平台应平整牢固，还应安装牢固可靠的栏杆和安全门，使用时安全门应保持关闭。

（5）电梯使用应有明确的联络信号，禁止用敲打、呼叫等方式联络。

（6）乘坐电梯时，应先关好安全门，再关好梯笼门，方可启动电梯。

（7）梯笼内乘人或载物时，应使载荷均匀分布，不得偏重；严禁超载运行。

（8）等候电梯时，应站在建筑物内，不得聚集在通道平台上，也不得将头手伸出栏杆和安全门外。

（9）电梯每班首次载重运行时，当梯笼升离地面 1～2m 时，应停机试验制动器的可靠性；当发现制动效果不良时，应调整或修复后方可投入使用。

（10）操作人员应根据指挥信号操作。作业前应鸣声示意。在电梯未切断总电源开关前，操作人员不得离开操作岗位。

（11）施工电梯发生故障的处理。

①当运行中发现异常情况时，应立即停机并采取有效措施，将梯笼降到底层，排除故障后方可继续运行。

②在运行中发现电梯失控时，应立即按下急停按钮；在未排除故障前，不得打开急停按钮。

③在运行中发现制动器失灵时，可将梯笼开至底层维修；或者让其下滑防坠安全器制动。

④在运行中发现故障时，不要惊慌，电梯的安全装置将提供可靠的保护；应听从专业人员的安排，或等待修复，或听从专业人员的指挥撤离。

（12）作业后，应将梯笼降到底层，各控制开关拨到零位，切断电源，锁好开关箱，闭锁梯笼门和围护门。

▶ 4.物料提升机使用安全常识

物料提升机有龙门架、井字架式的,也有的称为(货用)施工升降机,是施工现场物料垂直运输的主要机械设备。

(1)物料提升机用于运载物料,严禁载人上下;装卸料人员、维修人员必须在安全装置可靠或采取了可靠的措施后,方可进入吊笼内作业。

(2)物料提升机进料口必须加装安全防护门,并按高处作业规范搭设防护棚,并设安全通道,防止从棚外进入架体中。

(3)物料提升机在运行时,严禁对设备进行保养、维修,任何人不得攀登架体或从架体内穿过。

(4)运载物料的要求。

①运送散料时,应使用料斗装载,并放置平稳;使用手推斗车装置于吊笼时,必须将手推斗车平稳并制动放置,注意车把手及车不能伸出吊笼。

②运送长料时,物料不得超出吊笼;物料立放时,应捆绑牢固。

③物料装载时,应均匀分布,不得偏重,严禁超载运行。

(5)物料提升机的架体应有附墙或缆风绳,并应牢固可靠,符合说明书和规范的要求。

(6)物料提升机的架体外侧应用小网眼安全网封闭,防止物料在运行时坠落。

(7)禁止在物料提升机架体上进行焊接、切割或者钻孔等作业,防止损伤架体的任何构件。

(8)出料口平台应牢固可靠,并应安装防护栏杆和安全门。运行时安全门应保持关闭。

(9)吊笼上应有安全门,防止物料坠落;并且安全门应与安全停靠装置联锁。安全停靠装置应灵敏可靠。

（10）楼层安全防护门应有电气或机械锁装置，在安全门未可靠关闭时，禁止吊笼运行。

（11）作业人员等待吊笼时，应在建筑物内或者平台内距安全门1m以外处等待。严禁将头、手伸出栏杆或安全门。

（12）进出料口应安装明确的联络信号，高架提升机还应有可视系统。

5.起重吊装作业安全常识

起重吊装是指建筑工程中，采用相应的机械设备和设施来完成结构吊装和设施安装，属于危险作业，作业环境复杂，技术难度大。

（1）作业前应根据作业特点编制专项施工方案，并对参加作业人员进行方案和安全技术交底。

（2）作业时周边应设置警戒区域，设置醒目的警示标志，防止无关人员进入；特别危险处应设监护人员。

（3）起重吊装作业大多数作业点都必须由专业技术人员作业；属于特种作业的人员必须按国家有关规定经专门安全作业培训，取得特种作业操作资格证书，方可上岗作业。

（4）作业人员应根据现场作业条件选择安全的位置作业。在卷扬机与地滑轮穿越钢丝绳的区域，禁止人员站立和通行。

（5）吊装过程必须设有专人指挥，其他人员必须服从指挥。起重指挥不能兼作其他工种，并应确保起重司机清晰准确地听到指挥信号。

（6）作业过程必须遵守起重机"十不吊"原则。

（7）被吊物的捆绑要求，按塔式起重机被吊物捆绑作业要求。

（8）构件存放场地应该平整坚实。构件叠放用方木垫平，必须稳固，不准超高（一般不宜超过 1.6m）。构件存放除设置垫木外，必要时要设置相应的支撑，提高其稳定性。禁止无关人员在堆放的构件中穿行，防止发生构件倒塌挤人事故。

（9）在露天遇六级以上大风或大雨、大雪、大雾等天气时，应停止起重吊装作业。

（10）起重机作业时，起重臂和吊物下方严禁有人停留、工作或通过。重物吊运时，严禁人从上方通过。严禁用起重机载运人员。

（11）经常使用的起重工具注意事项。

①手动倒链：操作人员应经培训合格后方可上岗作业，吊物时应挂牢后慢慢拉动倒链，不得斜向拽拉。当一人拉不动时，应查明原因，禁止多人一齐猛拉。

②手搬葫芦：操作人员应经培训合格后方可上岗作业，使用前检查自锁夹钳装置的可靠性，当夹紧钢丝绳后，应能往复运动，否则禁止使用。

③千斤顶：操作人员应经培训合格后方可上岗作业，千斤顶置于平整坚实的地面上，并垫木板或钢板，防止地面沉陷。顶部与光滑物接触面应垫硬木，防止滑动。开始操作应逐渐顶升，注意防止顶歪，始终保持重物的平衡。

七、中小型施工机械安全操作常识

1. 基本安全操作要求

施工机械的使用必须按"定人、定机"制度执行。操作人员必须经培训合格，方可上岗作业，其他人员不得擅自使用。机械使用前，必须对机械设备进行检查，各部位确认完好无损，并空载试运行,符合安全技术要求,方可使用。

施工现场机械设备必须按其控制的要求,配备符合规定的控制设备,严禁使用倒顺开关。在使用机械设备时,必须严格按照安全操作规程,严禁违章作业;发现有故障、有异常响动、温度异常升高时,都必须立即停机,经过专业人员维修,并检验合格后,方可重新投入使用。

操作人员应做到"调整、紧固、润滑、清洁、防腐"十字作业的要求,按有关要求对机械设备进行保养。操作人员在作业时,不得擅自离开工作岗位。下班时,应先将机械停止运行,然后断开电源,锁好电箱,方可离开。

◑ 2. 混凝土(砂浆)搅拌机安全操作要求

(1)搅拌机的安装一定要平稳、牢固。长期固定使用时,应埋置地脚螺栓;短期使用时,应在机座上铺设木枕或撑架找平,牢固放置。

(2)料斗提升时,严禁在料斗下工作或穿行。清理料斗坑时,必须先切断电源,锁好电箱,并将料斗双保险钩挂牢或插上保险插销。

(3)运转时,严禁将头或手伸入料斗与机架之间查看,不得用工具或物件伸入搅拌筒内。

(4)运转中严禁保养维修。维修保养搅拌机,必须拉闸断电,锁好电箱,挂好"有人工作,严禁合闸"牌,并有专人监护。

◑ 3. 混凝土振动器安全操作要求

常用的混凝土振动器有插入式和平板式。

(1)振动器应安装漏电保护装置,保护接零应牢固可靠。作业时操作人员应穿戴绝缘胶鞋和绝缘手套。

（2）使用前,应检查各部位无损伤,并确认连接牢固,旋转方向正确。

（3）电缆线应满足操作所需的长度。严禁用电缆线拖拉或吊挂振动器。振动器不得在初凝的混凝土、地板、脚手架和干硬的地面上进行试振。在检修或作业间断时,应断开电源。

（4）作业时,振动棒软管的弯曲半径不得小于 500mm,并不得多于两个弯,操作时应将振动棒垂直地沉入混凝土,不得用力硬插、斜推或让钢筋夹住棒头,也不得全部插入混凝土中,插入深度不应超过棒长的 3/4,不宜触及钢筋、芯管及预埋件。

（5）作业停止需移动振动器时,应先关闭电动机,再切断电源。不得用软管拖拉电动机。

（6）平板式振动器工作时,应使平板与混凝土保持接触,待表面出浆,不再下沉后,即可缓慢移动;运转时,不得搁置在已凝或初凝的混凝土上。

（7）移动平板式振动器应使用干燥绝缘的拉绳,不得用脚踢电动机。

4. 钢筋切断机安全操作要求

（1）机械未达到正常转速时,不得切料。切料时,应使用切刀的中、下部位,紧握钢筋对准刃口迅速投入,操作者应站在固定刀片一侧用力压住钢筋,应防止钢筋末端弹出伤人。严禁用两手在刀片两边握住钢筋俯身送料。

（2）不得剪切直径及强度超过机械铭牌规定的钢筋和烧红的钢筋。一次切断多根钢筋时,其总截面积应在规定范围内。

（3）切断短料时,手和切刀之间的距离应保持在 150mm 以上,如手握端小于 400mm 时,应采用套管或夹具将钢筋短头压住或夹牢。

　　(4)运转中严禁用手直接清除切刀附近的断头和杂物。钢筋摆动周围和切刀周围,不得停留非操作人员。

▶ 5.钢筋弯曲机安全操作要求

　　(1)应按加工钢筋的直径和弯曲半径的要求,装好相应规格的芯轴和成型轴、挡铁轴。芯轴直径应为钢筋直径的 2.5 倍。挡铁轴应有轴套,挡铁轴的直径和强度不得小于被弯钢筋的直径和强度。

　　(2)作业时,应将钢筋需弯曲一端插入转盘固定销的间隙内,另一端紧靠机身固定销,并用手压紧;应检查机身固定销并确认安放在挡住钢筋的一侧,方可开动。

　　(3)作业中,严禁更换轴芯、销子和变换角度以及调整,也不得进行清扫和加油。

　　(4)对超过机械铭牌规定直径的钢筋严禁进行弯曲。不直的钢筋不得在弯曲机上弯曲。

　　(5)在弯曲钢筋的作业半径内和机身不设固定销的一侧严禁站人。

　　(6)转盘换向时,应待停稳后进行。

　　(7)作业后,应及时清除转盘及插入座孔内的铁锈、杂物等。

▶ 6.钢筋调直切断机安全操作要求

　　(1)应按调直钢筋的直径,选用适当的调直块及传动速度。调直块的孔径应比钢筋直径大 2~5mm,传动速度应根据钢筋直径选用,直径大的宜选用慢速,经调试合格,方可作业。

　　(2)在调直块未固定、防护罩未盖好前不得送料。作业中严禁打开各部防护罩并调整间隙。

(3)当钢筋送入后,手与轮应保持一定的距离,不得接近。

(4)送料前应将不直的钢筋端头切除。导向筒前应安装一根 1m 长的钢管,钢筋应穿过钢管再送入调直机前端的导孔内。

7.钢筋冷拉安全操作要求

(1)卷扬机的位置应使操作人员能见到全部的冷拉场地,卷扬机与冷拉中线的距离不得少于 5m。

(2)冷拉场地应在两端地锚外侧设置警戒区,并应安装防护栏及醒目的警示标志。严禁非作业人员在此停留。操作人员在作业时必须离开钢筋 2m 以外。

(3)卷扬机操作人员必须看到指挥人员发出的信号,并待所有的人员离开危险区后方可作业。冷拉应缓慢、均匀。当有停车信号或有人进入危险区时,应立即停拉,并稍稍放松卷扬机钢丝绳。

(4)夜间作业的照明设施,应装设在张拉危险区外。当需要装设在场地上空时,其高度应超过 5m。灯泡应加防护罩。

8.圆盘锯安全操作要求

(1)锯片必须平整,锯齿尖锐,不得连续缺齿 2 个,裂纹长度不得超过 20mm。

(2)被锯木料厚度,以锯片能露出木料 10～20mm 为限。

(3)启动后,必须等待转速正常后,方可进行锯料。

(4)关料时,不得将木料左右晃动或者高抬,遇木节要慢送料。锯料长度不小于 500mm。接近端头时,应用推棍送料。

(5)若锯线走偏,应逐渐纠正,不得猛扳。

(6)操作人员不应站在锯片同一直线上操作。手臂不得跨越锯片工作。

9. 蛙式夯实机安全操作要求

(1)夯实作业时,应一人扶夯,一人传递电缆线,且必须戴绝缘手套和穿绝缘鞋。电缆线不得扭结或缠绕,且不得张拉过紧,应保持有 3~4m 的余量。移动时,应将电缆线移至夯机后方,不得隔机扔电缆线,当转向困难时,应停机调整。

(2)作业时,手握扶手应保持机身平衡,不得用力向后压,并应随时调整行进方向。转弯时不宜用力过猛,不得急转弯。

(3)夯实填高土方时,应在边缘以内 100~150mm 夯实 2~3 遍后,再夯实边缘。

(4)在较大基坑作业时,不得在斜坡上夯行,应避免造成夯头后折。

(5)夯实房心土时,夯板应避开房心地下构筑物、钢筋混凝土基桩、机座及地下管道等。

(6)在建筑物内部作业时,夯板或偏心块不得打在墙壁上。

(7)多机作业时,机平列间距不得小于 5m,前后间距不得小于 10m。

(8)夯机前进方向和夯机四周 1m 范围内,不得站立非操作人员。

10. 振动冲击夯安全操作要求

(1)内燃冲击夯启动后,内燃机应慢速运转 3~5min,然后逐渐加大油门,待夯机跳动稳定后,方可作业。

(2)电动冲击夯在接通电源启动后,应检查电动机旋转方向,有错误时应倒换相联系线。

(3)作业时应正确掌握夯机,不得倾斜,手把不宜握得过紧,能控制夯机前进速度即可。

(4)正常作业时,不得使劲往下压手把,以免影响夯机跳起高度。在较松的填料上作业或上坡时,可将手把稍向下压,增加夯机前进速度。

(5)电动冲击夯操作人员必须戴绝缘手套,穿绝缘鞋。作业时,电缆线不应拉得过紧,应经常检查线头安装,不得松动及引起漏电。严禁冒雨作业。

11. 潜水泵安全操作要求

(1)潜水泵宜先装在坚固的篮筐里再放入水中,亦可在水中将泵的四周设立坚固的防护围网。泵应直立于水中,水深不得小于 0.5m,不得在含有泥沙的水中使用。

(2)潜水泵放入水中或提出水面时,应先切断电源,严禁拉拽电缆或出水管。

(3)潜水泵应装设保护接零和漏电保护装置,工作时泵周围30m 以内水面,不得有人、畜进入。

(4)应经常观察水位变化,叶轮中心至水平距离应在 0.5～3.0m 之间,泵体不得陷入污泥或露出水面。电缆不得与井壁、池壁相擦。

(5)每周应测定一次电动机定子绕组的绝缘电阻,其值应无下降。

12. 交流电焊机安全操作要求

(1)外壳必须有保护接零,应有二次空载降压保护器和触电保护器。

(2)电源应使用自动开关,接线板应无损坏,有防护罩。一次线长度不超过 5m,二次线长度不得超过 30m。

(3)焊接现场 10m 范围内,不得有易燃、易爆物品。

（4）雨天不得室外作业。在潮湿地点焊接时，要站在胶板或其他绝缘材料上。

（5）移动电焊机时，应切断电源，不得用拖拉电缆的方法移动。当焊接中突然停电时，应立即切断电源。

13. 气焊设备安全操作要求

（1）氧气瓶与乙炔瓶使用时的间距不得小于 5m，存放时的间距不得小于 3m，并且距高温、明火等不得小于 10m；达不到上述要求时，应采取隔离措施。

（2）乙炔瓶存放和使用必须立放，严禁倒放。

（3）在移动气瓶时，应使用专门的抬架或小推车；严禁氧气瓶与乙炔瓶混合搬运；禁止直接使用钢丝绳、链条捆绑搬运。

（4）开关气瓶应使用专用工具。

（5）严禁敲击、碰撞气瓶，作业人员工作时不得吸烟。

第4部分 相关法律法规及务工常识

一、相关法律法规(摘录)

▶ 1. 中华人民共和国建筑法(摘录)

第三十六条 建筑工程安全生产管理必须坚持安全第一、预防为主的方针,建立健全安全生产的责任制度和群防群治制度。

第四十四条 建筑施工企业必须依法加强对建筑安全生产的管理,执行安全生产责任制度,采取有效措施,防止伤亡和其他安全生产事故的发生。

建筑施工企业的法定代表人对本企业的安全生产负责。

第四十六条 建筑施工企业应当建立健全劳动安全生产教育培训制度,加强对职工安全生产的教育培训;未经安全生产教育培训的人员,不得上岗作业。

第四十七条 建筑施工企业和作业人员在施工过程中,应当遵守有关安全生产的法律、法规和建筑行业安全规章、规程,不得违章指挥或者违章作业。作业人员有权对影响人身健康的作业程序和作业条件提出改进意见,有权获得安全生产所需的防护用品。作业人员对危及生命安全和人身健康的行为有权提出批评、检举和控告。

第四十八条 建筑施工企业应当依法为职工参加工伤保险,缴纳工伤保险费,鼓励企业为从事危险作业的职工办理意外伤害保险,支付保险费。

第五十一条 施工中发生事故时,建筑施工企业应当采取紧急措施减少人员伤亡和事故损失,并按照国家有关规定及时向有关部门报告。

2. 中华人民共和国劳动法（摘录）

第三条 劳动者享有平等就业和选择职业的权利、取得劳动报酬的权利、休息休假的权利、获得劳动安全卫生保护的权利、接受职业技能培训的权利、享受社会保险和福利的权利、提请劳动争议处理的权利以及法律规定的其他劳动权利。劳动者应当完成劳动任务,提高职业技能,执行劳动安全卫生规程,遵守劳动纪律和职业道德。

第十五条 禁止用人单位招用未满十六周岁的未成年人。

第十六条 劳动合同是劳动者与用人单位确立劳动关系、明确双方权利和义务的协议。

建立劳动关系应当订立劳动合同。

第五十四条 用人单位必须为劳动者提供符合国家规定的劳动安全卫生条件和必要的劳动防护用品,对从事有职业危害作业的劳动者应当定期进行健康检查。

第五十五条 从事特种作业的劳动者必须经过专门培训并取得特种作业资格。

第五十六条 劳动者在劳动过程中必须严格遵守安全操作规程。劳动者对用人单位管理人员违章指挥、强令冒险作业,有权拒绝执行;对危害生命安全和身体健康的行为,有权提出批评、检举和控告。

第五十八条 国家对女职工和未成年工实行特殊劳动保护。

未成年工是指年满十六周岁、未满十八周岁的劳动者。

第六十八条　用人单位应当建立职业培训制度,按照国家规定提取和使用职业培训经费,根据本单位实际,有计划地对劳动者进行职业培训。从事技术工种的劳动者,上岗前必须经过培训。

第七十二条　用人单位和劳动者必须依法参加社会保险,缴纳社会保险费。

第七十七条　用人单位与劳动者发生劳动争议,当事人可以依法申请调解、仲裁、提起诉讼,也可协商解决。调解原则适用于仲裁和诉讼程序。

3.中华人民共和国安全生产法(摘录)

第六条　生产经营单位的从业人员有依法获得安全生产保障的权利,并应当依法履行安全生产方面的义务。

第十七条　生产经营单位应当具备本法和有关法律、行政法规和国家标准或者行业标准规定的安全生产条件;不具备安全生产条件的,不得从事生产经营活动。

第十八条　生产经营单位的主要负责人对本单位安全生产工作负有下列职责:

(一)建立、健全本单位安全生产责任制;

(二)组织制定本单位安全生产规章制度和操作规程;

(三)组织制定并实施本单位安全生产教育和培训计划;

(四)保证本单位安全生产投入的有效实施;

(五)督促、检查本单位的安全生产工作,及时消除生产安全事故隐患;

(六)组织制定并实施本单位的生产安全事故应急救援预案;

（七）及时、如实报告生产安全事故。

第二十五条　生产经营单位应当对从业人员进行安全生产教育和培训，保证从业人员具备必要的安全生产知识，熟悉有关的安全生产规章制度和安全操作规程，掌握本岗位的安全操作技能，了解事故应急处理措施，知悉自身在安全生产方面的权利和义务。未经安全生产教育和培训合格的从业人员，不得上岗作业。

第二十七条　生产经营单位的特种作业人员必须按照国家有关规定经专门的安全作业培训，取得相应资格，方可上岗作业。

特种作业人员的范围由国务院安全生产监督管理部门会同国务院有关部门确定。

第四十一条　生产经营单位应当教育和督促从业人员严格执行本单位的安全生产规章制度和安全操作规程；并向从业人员如实告知作业场所和工作岗位存在的危险因素、防范措施以及事故应急措施。

第四十二条　生产经营单位必须为从业人员提供符合国家标准或者行业标准的劳动防护用品，并监督、教育从业人员按照使用规则佩戴、使用。

第四十四条　生产经营单位应当安排用于配备劳动防护用品、进行安全生产培训的经费。

第四十八条　生产经营单位必须依法参加工伤保险，为从业人员缴纳保险费。

国家鼓励生产经营单位投保安全生产责任保险。

第四十九条　生产经营单位与从业人员订立的劳动合同，应当载明有关保障从业人员劳动安全、防止职业危害的事项，以及依法为从业人员办理工伤保险的事项。

　　生产经营单位不得以任何形式与从业人员订立协议，免除或者减轻其对从业人员因生产安全事故伤亡依法应承担的责任。

　　第五十条　生产经营单位的从业人员有权了解其作业场所和工作岗位存在的危险因素、防范措施及事故应急措施，有权对本单位的安全生产工作提出建议。

　　第五十一条　从业人员有权对本单位安全生产工作中存在的问题提出批评、检举、控告，有权拒绝违章指挥和强令冒险作业。

　　生产经营单位不得因从业人员对本单位安全生产工作提出批评、检举、控告或者拒绝违章指挥、强令冒险作业而降低其工资、福利等待遇，或者解除与其订立的劳动合同。

　　第五十二条　从业人员发现直接危及人身安全的紧急情况时，有权停止作业或者在采取可能的应急措施后撤离作业场所。

　　生产经营单位不得因从业人员在前款紧急情况下停止作业或者采取紧急撤离措施而降低其工资、福利等待遇或者解除与其订立的劳动合同。

　　第五十三条　因生产安全事故受到损害的从业人员，除依法享有工伤保险外，依照有关民事法律尚有获得赔偿的权利的，有权向本单位提出赔偿要求。

　　第五十四条　从业人员在作业过程中，应当严格遵守本单位的安全生产规章制度和操作规程，服从管理，正确佩戴和使用劳动防护用品。

　　第五十五条　从业人员应当接受安全生产教育和培训，掌握本职工作所需的安全生产知识，提高安全生产技能，增强事故预防和应急处理能力。

　　第五十六条　从业人员发现事故隐患或者其他不安全因

素,应当立即向现场安全生产管理人员或者本单位负责人报告;接到报告的人员应当及时予以处理。

⚫ 4.建设工程安全生产管理条例(摘录)

第十八条　施工起重机械和整体提升脚手架、模板等自升式架设设施的使用达到国家规定的检验、检测期限的,必须经具有专业资质的检验、检测机构检测。经检测不合格的,不得继续使用。

第二十五条　垂直运输机械作业人员、安装拆卸工、爆破作业人员、起重信号工、登高架设作业人员等特种作业人员,必须按照国家有关规定经过专门的安全作业培训,并取得特种作业操作资格证书后,方可上岗作业。

第二十七条　建设工程施工前,施工单位负责项目管理的技术人员应当对有关安全施工的技术要求向施工作业班组、作业人员做出详细说明,并由双方签字确认。

第二十八条　施工单位应当在施工现场入口处、施工起重机械、临时用电设施、脚手架、出入通道口、楼梯口、电梯井口、孔洞口、桥梁口、隧道口、基坑边沿、爆破物及有害危险气体和液体存放处等危险部位,设置明显的安全警示标志。安全标志必须符合国家标准。

第二十九条　施工单位应当将施工现场的办公、生活区与作业区分开设置,并保持安全距离;办公、生活区的选择应当符合安全性要求。职工的膳食、饮水、休息场所等应当符合卫生标准。施工单位不得在尚未竣工的建筑物内设置员工集体宿舍。

施工现场临时搭建的建筑物应当符合安全使用要求。施工现场使用的装配式活动房屋应当具有产品合格证。

第三十二条　施工单位应当向作业人员提供安全防护用具

和安全防护服装,并书面告知危险岗位的操作规程和违章操作的危害。

作业人员有权对施工现场的作业条件、作业程序和作业方式中存在的安全问题提出批评、检举和控告,有权拒绝违章指挥和强令冒险作业。

在施工中发生危及人身安全的紧急情况时,作业人员有权立即停止作业或者在采取必要的应急措施后撤离危险区域。

第三十三条 作业人员应当遵守安全施工的强制性标准、规章制度和操作规程,正确使用安全防护用具、机械设备等。

第三十六条 施工单位应当对管理人员和作业人员每年至少进行一次安全生产教育培训,其教育培训情况记入个人工作档案。安全生产教育培训考核不合格的人员,不得上岗。

第三十七条 作业人员进入新的岗位或者新的施工现场前,应当接受安全生产教育培训。未经教育培训或者教育培训考核不合格的人员,不得上岗作业。

施工单位在采用新技术、新工艺、新设备、新材料时,应当对作业人员进行相应的安全生产教育培训。

第三十八条 施工单位应当为施工现场从事危险作业的人员办理意外伤害保险。

意外伤害保险费由施工单位支付。

5. 工伤保险条例(摘录)

第二条 中华人民共和国境内的企业、事业单位、社会团体、民办非企业单位、基金会、律师事务所、会计师事务所等组织和有雇工的个体工商户(以下称用人单位)应当依照本条例规定参加工伤保险,为本单位全部职工或者雇工(以下称职工)缴纳工伤保险费。

中华人民共和国境内的企业、事业单位、社会团体、民办非企业单位、基金会、律师事务所、会计师事务所等组织的职工和个体工商户的雇工，均有依照本条例的规定享受工伤保险待遇的权利。

第十条　用人单位应当按时缴纳工伤保险费。职工个人不缴纳工伤保险费。

第二十一条　职工发生工伤，经治疗伤情相对稳定后存在残疾、影响劳动能力的，应当进行劳动能力鉴定。

第三十条　职工因工作遭受事故伤害或者患职业病进行治疗，享受工伤医疗待遇……

二、务工就业及社会保险

1. 劳动合同

（1）用人单位应当依法与劳动者签订劳动合同。

劳动合同是劳动者与用人单位确立劳动关系、明确双方权利和义务的协议。建立劳动关系应当订立劳动合同。订立和变更劳动合同，应遵循平等自愿、协商一致的原则，不得违反法律、行政法规的规定。劳动合同应当具备以下必备条款：

①劳动合同期限。即劳动合同的有效时间。

②工作内容。即劳动者在劳动合同有效期内所从事的工作岗位（工种），以及工作应达到的数量、质量指标或者应当完成的任务。

③劳动保护和劳动条件。即为了保障劳动者在劳动过程中的安全、卫生及其他劳动条件，用人单位根据国家有关法律、法规而采取的各项保护措施。

④劳动报酬。即在劳动者提供了正常劳动的情况下，用人

单位应当支付的工资。

⑤劳动纪律。即劳动者在劳动过程中必须遵守的工作秩序和规则。

⑥劳动合同终止的条件。即除了期限以外其他由当事人约定的特定法律事实,这些事实一出现,双方当事人之间的权利义务关系终止。

⑦违反劳动合同的责任。即当事人不履行劳动合同或者不完全履行劳动合同,所应承担的相应法律责任。

(2)试用期应包括在劳动合同期限之中。

根据《中华人民共和国劳动法》(以下简称《劳动法》)规定,用人单位与劳动者签订的劳动合同期限可以分为三类:

①有固定期限,即在合同中明确约定效力期间,期限可长可短,长到几年、十几年,短到一年或者几个月。

②无固定期限,即劳动合同中只约定了起始日期,没有约定具体终止日期。无固定期限劳动合同可以依法约定终止劳动合同条件,在履行中只要不出现约定的终止条件或法律规定的解除条件,一般不能解除或终止,劳动关系可以一直存续到劳动者退休为止。

③以完成一定的工作为期限,即以完成某项工作或者某项工程为有效期限,该项工作或者工程一经完成,劳动合同即终止。

签订劳动合同可以不约定试用期,也可以约定试用期,但试用期最长不得超过 6 个月。劳动合同期限在 6 个月以下的,试用期不得超过 15 日;劳动合同期限在 6 个月以上 1 年以下的,试用期不得超过 30 日;劳动合同期限在 1 年以上 2 年以下的,试用期不得超过 60 日。试用期包括在劳动合同期限中。非全日制劳动合同,不得约定试用期。

(3)订立劳动合同时,用人单位不得向劳动者收取定金、保证金或扣留居民身份证。

根据劳动保障部《劳动力市场管理规定》,禁止用人单位招用人员时向求职者收取招聘费用、向被录用人员收取保证金或抵押金、扣押被录用人员的身份证等证件。用人单位违反规定的,由劳动保障行政部门责令改正,并可处以 1000 元以下罚款;对当事人造成损害的,应承担赔偿责任。

(4)劳动者不必履行无效的劳动合同。

①无效的劳动合同是指不具有法律效力的劳动合同。根据《劳动法》的规定,下列劳动合同无效:

a. 违反法律、行政法规的劳动合同。

b. 采取欺诈、威胁等手段订立的劳动合同。劳动合同的无效,由劳动争议仲裁委员会或者人民法院确认。无效的劳动合同,从订立的时候起,就没有法律约束力。也就是说,劳动者自始至终都无须履行无效劳动合同。确认劳动合同部分无效的,如果不影响其余部分的效力,其余部分仍然有效。

②由于用人单位的原因订立的无效合同,对劳动者造成损害的,应当承担赔偿责任。具体包括:

a. 造成劳动者工资收入损失的,按劳动者本人应得工资收入支付给劳动者,并加付应得工资收入 25% 的赔偿费用。

b. 造成劳动者劳动保护待遇损失的,应按国家规定补足劳动者的劳动保护津贴和用品。

c. 造成劳动者工伤、医疗待遇损失的,除按国家规定为劳动者提供工伤、医疗待遇外,还应支付劳动者相当于医疗费用 25% 的赔偿费用。

d. 造成女职工和未成年工身体健康损害的,除按国家规定提供治疗期间的医疗待遇外,还应支付相当于其医疗费用 25%

的赔偿费用。

e.劳动合同约定的其他赔偿费用。

(5)用人单位不得随意变更劳动合同。

劳动合同的变更,是指劳动关系双方当事人就已订立的劳动合同的部分条款达成修改、补充或者废止协定的法律行为。《劳动法》规定,变更劳动合同,应当遵循平等自愿、协商一致的原则,不得违反法律、行政法规的规定。经双方协商同意依法变更后的劳动合同继续有效,对双方当事人都有约束力。

(6)解除劳动合同应当符合《劳动法》的规定。

劳动合同的解除,是指劳动合同有效成立后至终止前这段时期内,当具备法律规定的劳动合同解除条件时,因用人单位或劳动者一方或双方提出,而提前解除双方的劳动关系。根据《劳动法》的规定,劳动者可以和用人单位协商解除劳动合同,也可以在符合法律规定的情况下单方解除劳动合同。

①劳动者单方解除。

a.《劳动法》第三十一条规定:劳动者解除劳动合同,应当提前三十日以书面形式通知用人单位。这是劳动者解除劳动合同的条件和程序。劳动者提前三十日以书面形式通知用人单位解除劳动合同,无须征得用人单位的同意,用人单位应及时办理有关解除劳动合同的手续。但由于劳动者违反劳动合同的有关约定而给用人单位造成经济损失的,应依据有关规定和劳动合同的约定,由劳动者承担赔偿责任。

b.《劳动法》第三十二条规定:有下列情形之一的,劳动者可以随时通知用人单位解除劳动合同:

(a)在试用期内的;

(b)用人单位以暴力、威胁或者非法限制人身自由的手段强迫劳动的;

(c)用人单位未按照劳动合同约定支付劳动报酬或者提供劳动条件的。

②用人单位单方解除。

a.《劳动法》第二十五条规定,劳动者有下列情形之一的,用人单位可以解除劳动合同:

(a)在试用期间被证明不符合录用条件的;

(b)严重违反劳动纪律或者用人单位规章制度的;

(c)严重失职、营私舞弊,对用人单位利益造成重大损害的;

(d)被依法追究刑事责任的。

b.《劳动法》第二十六条规定:有下列情形之一的,用人单位可以解除劳动合同,但是应当提前三十日以书面形式通知劳动者本人:

(a)劳动者患病或者非因工负伤,医疗期满后,既不能从事原工作也不能从事由用人单位另行安排的工作的;

(b)劳动者不能胜任工作,经过培训或者调整工作岗位,仍不能胜任工作的;

(c)劳动合同订立时所依据的客观情况发生重大变化,致使原劳动合同无法履行,经当事人协商不能就变更劳动合同达成协议的。

c.《劳动法》第二十七条规定:用人单位濒临破产进行法定整顿期间或者生产经营状况发生严重困难,确需裁减人员的,应当提前三十日向工会或者全体职工说明情况,听取工会或者职工的意见,经向劳动保障行政部门报告后,可以裁减人员。并且规定,用人单位自裁减人员之日起六个月内录用人员的,应当优先录用被裁减的人员。

(7)用人单位解除劳动合同应当依法向劳动者支付经济补偿金。

根据《劳动法》规定,在下列情况下,用人单位解除与劳动者的劳动合同,应当根据劳动者在本单位的工作年限,每满一年发给相当于一个月工资的经济补偿金:

①经劳动合同当事人协商一致,由用人单位解除劳动合同的。

②劳动者不能胜任工作,经过培训或者调整工作岗位仍不能胜任工作,由用人单位解除劳动合同的。

以上两种情况下支付经济补偿金,最多不超过 12 个月。

③劳动合同订立时所依据的客观情况发生了重大变化,致使原劳动合同无法履行,经当事人协商不能就变更劳动合同达成协议,由用人单位解除劳动合同的。

④用人单位濒临破产进行法定整顿期间或者生产经营状况发生严重困难,必须裁减人员,由用人单位解除劳动合同的。

⑤劳动者患病或者非因工负伤,经劳动鉴定委员会确认不能从事原工作,也不能从事用人单位另行安排的工作而解除劳动合同的;在这类情况下,同时应发给不低于 6 个月工资的医疗补助费。劳动者患重病或者绝症的还应增加医疗补助费,患重病的增加部分不低于医疗补助费的 50%,患绝症的增加部分不低于医疗补助费的 100%。

另外,用人单位解除劳动者劳动合同后,未按以上规定给予劳动者经济补偿的,除必须全额发给经济补偿金外,还须按欠发经济补偿金数额的 50% 支付额外经济补偿金。

经济补偿金应当一次性发给。劳动者在本单位工作时间不满一年的按一年的标准计算。计算经济补偿金的工资标准是企业正常生产情况下,劳动者解除合同前 12 个月的月平均工资;在以上第③、④、⑤类情况下,给予经济补偿金的劳动者月平均工资低于企业月平均工资的,应按企业月平均工资支付。

(8)用人单位不得随意解除劳动合同。

《劳动法》及《违反〈劳动法〉有关劳动合同规定的赔偿办法》（劳部发[1995]223号）规定，用人单位不得随意解除劳动合同。用人单位违法解除劳动合同的，由劳动保障行政部门责令改正；对劳动者造成损害的，应当承担赔偿责任。具体赔偿标准是：

①造成劳动者工资收入损失的，按劳动者本人应得工资收入支付劳动者，并加付应得工资收入25％的赔偿费用。

②造成劳动者劳动保护待遇损失的，应按国家规定补足劳动者的劳动保护津贴和用品。

③造成劳动者工伤、医疗待遇损失的，除按国家规定为劳动者提供工伤、医疗待遇外，还应支付劳动者相当于医疗费用25％的赔偿费用。

④造成女职工和未成年工身体健康损害的，除按国家规定提供治疗期间的医疗待遇外，还应支付相当于其医疗费用25％的赔偿费用。

⑤劳动合同约定的其他赔偿费用。

2. 工资

(1)用人单位应该按时足额支付工资。

《劳动法》中的"工资"是指用人单位依据国家有关规定或劳动合同的约定，以货币形式直接支付给本单位劳动者的劳动报酬，一般包括计时工资、计件工资、奖金、津贴和补贴、延长工作时间的工资报酬以及特殊情况下支付的工资等。

(2)用人单位不得克扣劳动者工资。

《劳动法》以及《违反〈中华人民共和国劳动法〉行政处罚办法》等规定，用人单位不得克扣劳动者工资。用人单位克扣劳动者工资的，由劳动保障行政部门责令支付劳动者的工资报酬，并加发相当于工资报酬 25％的经济补偿金。并可责令用人单位按相当于支付劳动者工资报酬、经济补偿总和的一至五倍支付劳动者赔偿金。

"克扣工资"是指用人单位无正当理由扣减劳动者应得工资（即在劳动者已提供正常劳动的前提下,用人单位按劳动合同规定的标准应当支付给劳动者的全部劳动报酬）。

（3）用人单位不得无故拖欠劳动者工资。

《劳动法》以及《违反〈中华人民共和国劳动法〉行政处罚办法》等规定,用人单位无故拖欠劳动者工资的,由劳动保障行政部门责令支付劳动者的工资报酬,并加发相当于工资报酬 25％的经济补偿金。并可责令用人单位按相当于支付劳动者工资报酬、经济补偿总和的一至五倍支付劳动者赔偿金。

"无故拖欠工资"是指用人单位无正当理由超过规定付薪时间未支付劳动者工资。

（4）农民工工资标准。

①在劳动者提供正常劳动的情况下,用人单位支付的工资不得低于当地最低工资标准。

根据《劳动法》、劳动保障部《最低工资规定》等规定,在劳动者提供正常劳动的情况下,用人单位应支付给劳动者的工资在剔除下列各项以后,不得低于当地最低工资标准:

a. 延长工作时间工资。

b. 中班、夜班、高温、低温、井下、有毒有害等特殊工作环境条件下的津贴。

c. 法律、法规和国家规定的劳动者福利待遇等。

实行计件工资或提成工资等工资形式的用人单位,在科学合理的劳动定额基础上,其支付劳动者的工资不得低于相应的最低工资标准。

用人单位违反以上规定的,由劳动保障行政部门责令其限期补发所欠劳动者工资,并可责令其按所欠工资的一至五倍支付劳动者赔偿金。

②在非全日制劳动者提供正常劳动的情况下,用人单位支付的小时工资不得低于当地小时工资最低标准。

劳动保障部《最低工资规定》《关于非全日制用工若干问题的意见》规定,非全日制用工是指以小时计酬、劳动者在同一用人单位平均每日工作时间不超过 5h、累计每周工作时间不超过 30h 的用工形式。用人单位应当按时足额支付非全日制劳动者的工资,具体可以按小时、日、周或月为单位结算。在非全日制劳动者提供正常劳动的情况下,用人单位支付的小时工资不得低于当地小时工资最低标准。非全日制用工的小时工资最低标准由省、自治区、直辖市规定。

③用人单位安排劳动者加班加点应依法支付加班加点工资。

《劳动法》以及《违反〈中华人民共和国劳动法〉行政处罚办法》等规定,用人单位安排劳动者加班加点应依法支付加班加点工资。用人单位拒不支付加班加点工资的,由劳动保障行政部门责令支付劳动者的工资报酬,并加发相当于工资报酬25%的经济补偿金。并可责令用人单位按相当于支付劳动者工资报酬、经济补偿总和的一至五倍支付劳动者赔偿金。

劳动者日工资可统一按劳动者本人的月工资标准除以每月制度工作天数进行折算。职工全年月平均工作天数和工作时间分别为 20.92 天和 167.4h,职工的日工资和小时工资按此进行折算。

3. 社会保险

(1)农民工有权参加基本医疗保险。

根据国家有关规定,各地要逐步将与用人单位形成劳动关系的农村进城务工人员纳入医疗保险范围。根据农村进城务工人员的特点和医疗需求,合理确定缴费率和保障方式,解决他们在务工期间的大病医疗保障问题,用人单位要按规定为其缴纳医疗保险费。对在城镇从事个体经营等灵活就业的农村进城务工人员,可以按照灵活就业人员参保的有关规定参加医疗保险。据此,在已经将农民工纳入医疗保险范围的地区,农民工有权参加医疗保险,用人单位和农民工本人应依法缴纳医疗保险费,农民工患病时,可以按照规定享受有关医疗保险待遇。

(2)农民工有权参加基本养老保险。

按照国务院《社会保险费征缴暂行条例》等有关规定,基本养老保险覆盖范围内的用人单位的所有职工,包括农民工,都应该参加养老保险,履行缴费义务。参加养老保险的农民合同制职工,在与企业终止或解除劳动关系后,由社会保险经办机构保留其养老保险关系,保管其个人账户并计息。凡重新就业的,应接续或转移养老保险关系;也可按照省级政府的规定,根据农民合同制职工本人申请,将其个人账户个人缴费部分一次性支付给本人,同时终止养老保险关系。农民合同制职工在男年满60周岁、女年满55周岁时,累计缴费年限满15年以上的,可按规定领取基本养老金;累计缴费年限不满15年的,其个人账户全部储存额一次性支付给本人。

(3)农民工有权参加失业保险。

根据《失业保险条例》规定,城镇企业事业单位招用的农民合同制工人应该参加失业保险,用人单位按规定为农民工缴纳社会保险费,农民合同制工人本人不缴纳失业保险费。单位招用的农民合同制工人连续工作满1年,本单位并已缴纳失业保险费,劳动合同期满未续订或者提前解除劳动合同的,由社会保险经办机构根据其工作时间长短,对其支付一次性生活补助。

补助的办法和标准由省、自治区、直辖市人民政府规定。

(4)用人单位应依法为农民工参加生育保险。

目前我国的生育保险制度还没有普遍建立，各地工作进展不平衡。从各地制定的规定看，有的地区没有将农民工纳入生育保险覆盖范围，有的地区则将农民工纳入了生育保险覆盖范围。如果农民工所在地区将农民工纳入了生育保险覆盖范围，农民工所在单位应按规定为农民工参加生育保险并缴纳生育保险费，符合规定条件的生育农民工依法享受生育保险待遇。

(5)劳动争议与调解处理。

劳动争议，也称劳动纠纷，就是指劳动关系当事人双方（用人单位和劳动者）之间因执行劳动法律、法规或者履行劳动合同以及其他劳动问题而发生劳动权利与义务方面的纠纷。

①劳动争议的范围。劳动争议的内容，是指劳动合同关系中当事人的权利与义务。所以，用人单位与劳动者之间发生的争议不都是劳动争议。只有在争议涉及劳动关系双方当事人在劳动关系中的权利和义务时，它才是劳动争议。劳动争议包括：因开除、除名、辞退职工和职工辞职、自动离职发生的争议；因执行国家有关工资、保险、福利、培训、劳动保护的规定发生的争议；因履行劳动合同发生的争议等。

②劳动争议处理机构。我国的劳动争议处理机构主要有：企业劳动争议调解委员会、各级政府劳动争议仲裁委员会和人民法院。根据《劳动法》等的规定：在用人单位内可以设劳动争议调解委员会，负责调解本单位的劳动争议；在县、市、市辖区应当设立劳动争议仲裁委员会；各级人民法院的民事审判庭负责劳动争议案件的审理工作。

③劳动争议的解决方法。根据我国有关法律、法规的规定，解决劳动争议的方法如下：

a.协商。劳动争议发生后,双方当事人应当先进行协商,以达成解决方案。

b.调解。就是企业调解委员会对本单位发生的劳动争议进行调解。从法律、法规的规定看,这并不是必经的程序。但它对于劳动争议的解决却起到很大作用。

c.仲裁。劳动争议调解不成的,当事人可以向劳动争议仲裁委员会申请仲裁。当事人也可以直接向劳动争议仲裁委员会申请仲裁。当事人从知道或应当知道其权利被侵害之日起60日内,以书面形式向仲裁委员会申请仲裁。仲裁委员会应当自收到申请书之日起7日内做出受理或不予受理的决定。

d.诉讼。当事人对仲裁裁决不服的,可以自收到仲裁裁决之日起15日内向人民法院起诉。人民法院民事审判庭受理和审理劳动争议案件。

④维护自身权益要注意法定时限。劳动者通过法律途径维护自身权益,一定要注意不能超过法律规定的时限。劳动者通过劳动争议仲裁、行政复议等法律途径维护自身合法权益,或者申请工伤认定、职业病诊断与鉴定等,一定要注意在法定的时限内提出申请。如果超过了法定时限,有关申请可能不会被受理,致使自身权益难以得到保护。主要的时限包括:

a.申请劳动争议仲裁的,应当在劳动争议发生之日(即当事人知道或应当知道其权利被侵害之日)起60日内向劳动争议仲裁委员会申请仲裁。

b.对劳动争议仲裁裁决不服、提起诉讼的,应当自收到仲裁裁决书之日起15日内,向人民法院提起诉讼。

c.申请行政复议的,应当自知道该具体行政行为之日起60日内提出行政复议申请。

d.对行政复议决定不服、提起行政诉讼的,应当自收到行政复议决定书之日起 15 日内,向人民法院提起行政诉讼。

　　e. 直接向人民法院提起行政诉讼的,应当在知道做出具体行政行为之日起 3 个月内提出,法律另有规定的除外。因不可抗力或者其他特殊情况耽误法定期限的,在障碍消除后的 10 日内,可以申请延长期限,由人民法院决定。

　　f. 申请工伤认定的,所在单位应当自事故伤害发生之日或者被诊断、鉴定为职业病之日起 30 日内,向统筹地区劳动保障行政部门提出工伤认定申请。遇有特殊情况,经报劳动保障行政部门同意,申请时限可以适当延长。用人单位未按前款规定提出工伤认定申请的,工伤职工或者其直系亲属、工会组织在事故伤害发生之日或者被诊断、鉴定为职业病之日起 1 年内,可以直接向用人单位所在地统筹地区劳动保障行政部门提出工伤认定申请。

三、工人健康卫生知识

1. 常见疾病的预防和治疗

　　(1)流行性感冒。

　　①流行性感冒的传播方式。流行性感冒简称流感,是由流感病毒引起的一种急性呼吸道传染病。流感的传染源主要是患者,病后 1~7 天均有传染性。流感主要通过呼吸道传播,传染性很强,常引起流行。一般常突然发生,迅速蔓延,患者数多。

　　提示:发生流行性感冒时应注意与病人保持一定距离,以免被传染。

　　②流行性感冒的症状。流感的症状与感冒类似,主要是发热及上呼吸道感染症状,如咽痛、鼻塞、流鼻涕、打喷嚏、咳嗽等。流感的全身症状重,而局部症状很轻。

③流行性感冒的预防。

a. 最主要的是注射流感疫苗,疫苗应于流感流行前 1～2 个月注射。因流感冬季易发,故常于每年 10 月左右进行注射。

b. 应当尽量避免接触病人,流行期间不到人多的地方去。

c. 增强身体抵抗力最重要,生活规律、适当锻炼、合理营养、精神愉快非常关键。

d. 避免过累、精神紧张、着凉、酗酒等。

(2)细菌性痢疾。

①细菌性痢疾的传播方式。细菌性痢疾(简称菌痢),是夏秋季节最常见的急性肠道传染病,由痢疾杆菌引起,以结肠化脓性炎症为主要病变。菌痢主要通过粪—口途径传播,即患者大便中的痢疾杆菌可以污染手、食物、水、蔬菜、水果等而进入口中引起感染。细菌性痢疾终年均有发生,但多流行于夏秋季节。人群对此病普遍易感,幼儿及青壮年发病率较高。

②细菌性痢疾的症状。细菌性痢疾病情可轻可重,轻者仅有轻度腹泻,重者可有发热、全身不适、乏力、恶心、呕吐、腹痛、腹泻。腹泻次数由一日数次至十数次不等,患者常有老想解大便可总也解不干净的感觉(里急后重),患者大便中常有黏液,重者有脓血。

③细菌性痢疾的预防。

a. 做好痢疾患者的粪便、呕吐物的消毒处理,管理好水源,防止病菌污染水源、土壤及农作物;患者使用过的厕所、餐具等也应消毒。

b. 不喝生水,不生吃水产品,蔬菜要洗净、炒熟再吃,水果应洗净削皮后食用。

c. 养成饭前、便后洗手的习惯,不吃被苍蝇、蟑螂叮咬过或爬过的食物,积极做好灭苍蝇、灭蟑螂工作。

d. 加强体育锻炼,增强体质。

重点:注意个人卫生,养成饭前、便后洗手的习惯。

(3)食物中毒。

①细菌性食物中毒的传播方式。细菌性食物中毒是由于进食被细菌或细菌毒素污染的食物而引起的急性感染中毒性疾病。细菌性食物中毒是典型的肠道传染病,发生原因主要有以下几个方面:

a. 食物在宰杀或收割、运输、储存、销售等过程中受到病菌的污染。

b. 被致病菌污染的食物在较高的温度下存放,食品中充足的水分、适宜的酸碱度及营养条件使致病菌大量繁殖或产生毒素。

c. 食品在食用前未烧透或熟食受到生食交叉污染。

d. 在缺氧环境中(如罐头等)肉毒杆菌产生毒素。

②细菌性食物中毒的症状。胃肠型细菌性食物中毒是食物中毒中最常见的一种,是由于食用了被细菌或细菌毒素污染的食物所引起的。绝大多数患者表现为胃肠炎的症状,如恶心、呕吐、腹痛、腹泻、排水样便等。腹泻一天数次到数十次不等,多数是稀水样便,个别人可有黏液血便、血水样便等,极少数患者可以发生败血症。

③细菌性食物中毒的预防。

a. 防止食品污染。加强对污染源的管理,做好牲畜屠宰前后的卫生检验,防止感染;对海鲜类食品应加强管理,防止污染其他食品;要严防食品加工、贮存、运输、销售过程中被病原体污染;食品容器、刀具等应严格生熟分开使用,做好消毒工作,防止交叉污染;生产场所、厨房、食堂等要有防蝇、防鼠设备;严格遵守饮食行业和炊事人员的个人卫生制度;患化脓性病症和上呼吸道感染的患者,在治愈前不应参加接触食品的工作。

b.控制病原体繁殖及外毒素的形成。食品应低温保存或放在阴凉通风处,食品中加盐量达 10%也可有效控制细菌繁殖及毒素形成。

c.彻底加热杀灭细菌及破坏毒素。这是防止食物中毒的重要措施,要彻底杀灭肉中的病原体,肉块不应太大,加热时其内部温度可以达到 80℃,这样持续 12min 就可将细菌杀死。

d.凡是食品在加工和保存过程中有厌氧环境存在,均应防止肉毒杆菌的污染,过期罐头——特别是产气罐头(其盖鼓起)均勿食用。

(4)病毒性肝炎。

①病毒性肝炎的类型。病毒性肝炎是由多种肝炎病毒引起的,以肝脏损害为主的一组全身性传染病。按病原体分类,目前已确定的有甲型肝炎、乙型肝炎、丙型肝炎、丁型肝炎、戊型肝炎。通过实验诊断排除上述类型的肝炎者,称为"非甲—戊型肝炎"。

②病毒性肝炎的传染源。

a.甲型肝炎无病毒携带状态,传染源为急性期患者和隐性感染者。粪便排毒期在起病前 2 周至血清转氨酶高峰期后 1 周,少数患者延长至病后 30 天。

b.乙型肝炎属于常见传染病,可通过母婴、血液和体液传播。传染源主要是急、慢性乙型肝炎患者和病毒携带者。急性患者在潜伏期末及急性期有传染性,但不超过 6 个月。慢性患者和病毒携带者作为传染源预防的意义重大。

c.丙型肝炎的传染源是急、慢性患者和无症状病毒携带者。

d.丁型肝炎的传染源与乙型肝炎相似。

e.戊型肝炎的传染源与甲型肝炎相似。

③病毒性肝炎的症状。

a. 疲乏无力、懒动、下肢酸困不适,稍加活动则难以支持。

b. 食欲不振、食欲减退、厌油、恶心、呕吐及腹胀,往往食后加重。

c. 部分病人尿黄、尿色如浓茶,大便色淡或灰白,腹泻或便秘。

d. 右上腹部有持续性腹痛,个别病人可呈针刺样或牵拉样疼痛,于活动、久坐后加重,卧床休息后可缓解,右侧卧时加重,左侧卧时减轻。

e. 医生检查可有肝脏肿大、压痛、肝区叩击痛、肝功能损害,部分病例出现发热及黄疸表现。

f. 血清谷丙转氨酶及血中总胆红素升高有助于诊断,也可进一步做血清免疫学检查及明确肝炎类型。

④病毒性肝炎的预防。病毒性肝炎预防应采取以切断传播途径为重点的综合性措施。

对甲型、戊型肝炎,重点抓好水源保护、饮水消毒、食品加工、粪便管理等,切断粪—口途径传播,注意个人卫生,饭前、便后洗手,不喝生水,生吃瓜果要洗净。对于急性病如甲型和戊型肝炎病人接触的易感人群,应注射人血丙种球蛋白,注射时间越早越好。

对乙型、丙型和丁型肝炎,重点在于防止通过血液和体液的传播,各种医疗及预防注射,应实行一人一针一管,对带血清的污染物应严格消毒,对血液和血液制品应严格检测。对学龄前儿童和密切接触者,应接种乙肝疫苗;乙肝疫苗和乙肝免疫球蛋白联合应用可有效地阻断母婴传播;医务人员在工作中因医疗意外或医疗操作不慎感染乙肝病毒,应立即注射免疫球蛋白。

2. 职业病的预防和治疗

（1）职业病定义。

所谓职业病，是指企业、事业单位和个体经济组织的劳动者在职业活动中，因接触粉尘、放射性物质和其他有毒、有害物质等因素而引起的疾病。对于患职业病的，我国法律规定，应属于工伤，享受工伤待遇。

（2）建筑企业常见的职业病。

①接触各种粉尘引起的尘肺病。

②电焊工尘肺、眼病。

③直接操作振动机械引起的手臂振动病。

④油漆工、粉刷工接触有机材料散发的不良气体引起的中毒。

⑤接触噪声引起的职业性耳聋。

⑥长期超时、超强度地工作，精神长期过度紧张造成相应职业病。

⑦高温中暑等。

（3）职业病鉴定与保障。

劳动者如果怀疑所得的疾病为职业病，应当及时到当地卫生部门批准的职业病诊断机构进行职业病诊断。对诊断结论有异议的，可以在 30 日内到市级卫生行政部门申请职业病诊断鉴定，鉴定后仍有异议的，可以在 15 日内到省级卫生行政部门申请再鉴定。被诊断、鉴定为职业病，所在单位应当自被诊断、鉴定为职业病之日起 30 日内，向统筹地区劳动保障行政部门提出工伤认定申请。

提示：劳动者日常需要注意收集与职业病相关的材料。

（4）职业病的诊断。

　　根据《中华人民共和国职业病防治法》（以下简称《职业病防治法》）和《职业病诊断与鉴定管理办法》的有关规定，具体程序为：

　　①职业病诊断应当由省级以上人民政府卫生行政部门批准的医疗卫生机构承担，劳动者可以在用人单位所在地或者本人居住地依法承担职业病诊断的医疗卫生机构进行职业病诊断。

　　②当事人申请职业病诊断时应当提供以下材料：

　　a. 职业史、既往史。

　　b. 职业健康监护档案复印件。

　　c. 职业健康检查结果。

　　d. 工作场所历年职业病危害因素检测、评价资料。

　　e. 诊断机构要求提供的其他必需的有关材料。

　　③职业病诊断应当依据职业病诊断标准，结合职业病危害接触史、工作场所职业病危害因素检测与评价、临床表现和医学检查结果等资料，综合做出分析。

　　④职业病诊断机构在进行职业病诊断时，应当组织三名以上取得职业病诊断资格的执业医师进行集体诊断。

　　⑤职业病诊断机构做出职业病诊断后，应当向当事人出具职业病诊断证明书。职业病诊断证明书应当明确是否患有职业病，对患有职业病的，还应当载明所患职业病的名称、程度（期别）、处理意见和复查时间。

　　⑥当事人对职业病诊断有异议的，在接到职业病诊断证明书之日起30日内，可以向做出诊断的医疗卫生机构所在地的市级卫生行政部门申请鉴定。

　　⑦当事人申请职业病诊断鉴定时，应当提供以下材料：

　　a. 职业病诊断鉴定申请书。

　　b. 职业病诊断证明书。

c.其他有关资料。职业病诊断鉴定办事机构应当自收到申请资料之日起 10 日内完成材料审核,对材料齐全的发给受理通知书;材料不全的,通知当事人补充。职业病诊断鉴定办事机构应当在受理鉴定之日起 60 日内组织鉴定。

⑧鉴定委员会应当认真审查当事人提供的材料,必要时可听取当事人的陈述和申辩,对被鉴定人进行医学检查,对被鉴定人的工作场所进行现场调查取证。

⑨职业病诊断鉴定书应当包括以下内容:

a.劳动者、用人单位的基本情况及鉴定事由。

b.参加鉴定的专家情况。

c.鉴定结论及其依据,如果为职业病,应当注明职业病名称、程度(期别)。

d.鉴定时间。职业病诊断鉴定书应当于鉴定结束之日起 20 日内由职业病诊断鉴定办事机构发送给当事人。

(5)劳动者有权利拒绝从事容易发生职业病的工作。

劳动者依法享有保持自己身体健康的权利,因此,对于是否选择从事存在职业病危害的工作,应当由劳动者依照其自己的意愿决定。而要使劳动者能够自行决定是否选择从事该工作,就应当保证劳动者对相关工作内容以及其可能带来的危害有一定的了解。正因为如此,《职业病防治法》规定:"用人单位与劳动者订立劳动合同(含聘用合同,下同)时,应当将工作过程中可能产生的职业病危害及其后果、职业病防护措施和待遇等如实告知劳动者,并在劳动合同中写明,不得隐瞒或者欺骗。""劳动者在已订立劳动合同期间因工作岗位或者工作内容变更,从事与所订立劳动合同中未告知的存在职业病危害的作业时,用人单位应当依照前款规定,向劳动者履行如实告知的义务,并协商变更原劳动合同相关条款。""用人单位违反前两款规定的,劳动者有权拒绝从事存在职业病危害的作业,用人单位不得因此解除或者终止与劳动者所订立的劳动合同。"

另外,根据《职业病防治法》的规定,用人单位违反本规定,订立或者变更劳动合同时,未告知劳动者职业病危害真实情况的,由卫生行政部门责令限期改正,给予警告,可以并处 2 万元以上 5 万元以下的罚款。

根据前述规定,如果用人单位没有将工作过程中可能产生的职业病危害及其后果、职业病防护措施和待遇等如实告知劳动者,并在劳动合同中写明,那么劳动者就有权利拒绝从事存在职业病危害的作业,并且用人单位不得因劳动者拒绝从事该作业而解除或者终止劳动者的劳动合同。

(6)患职业病的劳动者有权获得相应的保障。

①患职业病的劳动者有权利获得职业保障。《中华人民共和国劳动合同法》规定,用人单位以下情形不得解除劳动合同:

a. 患职业病或者因工负伤并确认丧失或者部分丧失劳动能力的。

b. 患病或者负伤,在规定的医疗期内的。职业病病人依法享受国家规定的职业病待遇,用人单位对不适宜继续从事原工作的职业病病人,应当调离原岗位,并妥善安置。

②患职业病的劳动者有权利获得医疗保障。《职业病防治法》规定:"职业病病人依法享受国家规定的职业病待遇。用人单位应当按照国家有关规定,安排职业病病人进行治疗、康复和定期检查。"

③患职业病的劳动者有权利获得生活保障。《职业病防治法》规定:"劳动者被诊断患有职业病,但用人单位没有依法参加工伤社会保险的,其医疗和生活保障由最后的用人单位承担。"

④患职业病的劳动者有权利依法获得赔偿。职业病病人除依法享有工伤社会保险外，依照有关民事法律，尚有获得赔偿的权利的，有权向用人单位提出赔偿要求。

（7）职工患职业病后的一次性处理规定。

职工患病后，应当先行治疗，然后进行职业病的诊断和鉴定。如果职工按照《职业病防治法》规定被诊断、鉴定为职业病，必须向劳动保障行政部门提出工伤认定申请，由劳动保障行政部门做出工伤认定。如果职工经治疗伤情相对稳定后存在残疾、影响劳动能力的，还应当进行劳动能力鉴定。最后职工才可按照《工伤保险条例》规定的标准享受工伤保险待遇。

以上程序是职工患职业病后享受工伤待遇所必需的，是切实保障职工合法权益的基础。但在实际生活中，一些用人单位和职工由于不懂工伤法律或者怕麻烦、图省事，在职工患病后就直接约定进行一次性工伤补助，这种做法是不可取的。当然，如果工伤职工愿意，待治愈或病情稳定做出工伤伤残等级鉴定后，可参照有关工伤的规定依法与企业达成一次性领取工伤待遇的相关协议。

（8）治疗职业病的有关费用支付。

首先应当明确的是，检查、治疗、诊断职业病的，劳动者本人不承担相关费用。这些费用依照规定，应当由用人单位负担或者从工伤保险基金中支付。

①职业健康检查费用由用人单位承担。

②救治急性职业病危害的劳动者，或者进行健康检查和医学观察，所需费用由用人单位承担。

③职业病诊断鉴定费用由用人单位承担。

④因职业病进行劳动能力鉴定的，鉴定费从工伤保险基金中支付。

⑤因职业病需要治疗的,相关费用按照工伤的规定处理。

还需要说明的是,不管是职业病还是其他原因发生的工伤,都必须进行彻底的治疗,相关的费用不管花了多少,都应当依法予以报销,即"工伤索赔上不封顶"。

(9)劳动者在职业病防治中须承担的义务。

①认真接受用人单位的职业卫生培训,努力学习和掌握必要的职业卫生知识。

②遵守职业卫生法规、制度、操作规程。

③正确使用与维护职业危害防护设备及个人防护用品。

④及时报告事故隐患。

⑤积极配合上岗前、在岗期间和离岗时的职业健康检查。

⑥如实提供职业病诊断、鉴定所需的有关资料等。

重点:熟知职业安全卫生警示标志,禁止不安全的操作行为,正确使用个人防护用品。

(10)建筑企业常见职业病及预防控制措施。

①接触各种粉尘引起的尘肺病预防控制措施。

作业场所防护措施:加强水泥等易扬尘的材料的存放处、使用处的扬尘防护,任何人不得随意拆除,在易扬尘部位设置警示标志。

个人防护措施:落实相关岗位的持证上岗,给施工作业人员提供扬尘防护口罩,杜绝施工操作人员的超时工作。

②电焊工尘肺、眼病的预防控制措施。

作业场所防护措施:为电焊工提供通风良好的操作空间。

个人防护措施:电焊工必须持证上岗,作业时佩戴有害气体防护口罩、眼睛防护罩,杜绝违章作业,采取轮流作业,杜绝施工操作人员的超时工作。

③直接操作振动机械引起的手臂振动病的预防控制措施。

作业场所防护措施:在作业区设置预防职业病警示标志。

个人防护措施:机械操作工要持证上岗,提供振动机械防护手套,延长换班休息时间,杜绝作业人员的超时工作。

④油漆工、粉刷工接触有机材料散发不良气体引起的中毒预防控制措施。

作业场所防护措施:加强作业区的通风排气措施。

个人防护措施:相关工种持证上岗,给作业人员提供防护口罩,轮流作业,杜绝作业人员的超时工作。

⑤接触噪声引起的职业性耳聋的预防控制措施。

作业场所防护措施:在作业区设置防职业病警示标志,对噪声大的机械加强日常保养和维护,减少噪声污染。

个人防护措施:为施工操作人员提供劳动防护耳塞轮流作业,杜绝施工操作人员的超时工作。

⑥长期超时、超强度地工作,精神长期过度紧张所造成相应职业病的预防控制措施。

作业场所防护措施:提高机械化施工程度,减小工人劳动强度,为职工提供良好的生活、休息、娱乐场所,加强施工现场文明施工。

个人防护措施:不盲目抢工期,即使抢工期也必须安排充足的人员能够按时换班作业,采取 8h 作业换班制度,及时发放工人工资,稳定工人情绪。

⑦高温中暑的预防控制措施。

作业场所防护措施:在高温期间,为职工备足饮用水或绿豆汤、防中暑药品、器材。

个人防护措施:减少工人工作时间,尤其是延长中午休息时间。

提示:工作场所自觉做好个人安全防护。

四、工地施工现场急救知识

施工现场急救基本常识主要包括应急救援基本常识、触电急救知识、创伤救护知识、火灾急救知识、中毒及中暑急救知识以及传染病急救措施等，了解并掌握这些现场急救基本常识，是做好安全工作的一项重要内容。

1. 应急救援基本常识

（1）施工企业应建立企业级重大事故应急救援体系，以及重大事故救援预案。

（2）施工项目应建立项目重大事故应急救援体系，以及重大事故救援预案；在实行施工总承包时，应以总承包单位事故预案为主，各分包队伍也应有各自的事故救援预案。

（3）重大事故的应急救援人员应经过专门的培训，事故的应急救援必须有组织、有计划地进行；严禁在未清楚事故情况下，盲目救援，以免造成更大的伤害。

（4）事故应急救援的基本任务：

①立即组织营救受害人员，组织撤离或者采取其他措施保护危害区域内的其他人员。

②迅速控制事态，并对事故造成的危害进行检测、监测，测定事故的危害区域、危害性质及危害程度。

③消除危害后果，做好现场恢复。

④查清事故原因，评估危害程度。

2. 触电急救知识

触电者的生命能否获救，在绝大多数情况下取决于能否迅速脱离电源和正确地实行人工呼吸和心脏按摩。拖延时间、动作迟缓或救护不当,都可能造成人员伤亡。

(1)脱离电源的方法。

①发生触电事故时,附近有电源开关和电流插销的,可立即将电源开关断开或拔出插销;但普通开关(如拉线开关、单极按钮开关等)只能断一根线,有时不一定关断的是相线,所以不能认为是切断了电源。

②当有电的电线触及人体引起触电,不能采用其他方法脱离电源时,可用绝缘的物体(如干燥的木棒、竹竿、绝缘手套等)将电线移开,使人体脱离电源。

③必要时可用绝缘工具(如带绝缘柄的电工钳、木柄斧头等)切断电线,以切断电源。

④应防止人体脱离电源后造成的二次伤害,如高处坠落、摔伤等。

⑤对于高压触电,应立即通知有关部门停电。

⑥高压断电时,应戴上绝缘手套,穿上绝缘鞋,用相应电压等级的绝缘工具切断开关。

(2)紧急救护基本常识。

根据触电者的情况,进行简单的诊断,并分别处理:

①病人神志清醒,但感到乏力、头昏、心悸、出冷汗,甚至有恶心或呕吐症状。此类病人应使其就地安静休息,减轻心脏负担,加快恢复;情况严重时,应立即小心送往医院检查治疗。

②病人呼吸、心跳尚存在,但神志昏迷。此时,应将病人仰卧,周围空气要流通,并注意保暖;除了要严密观察外,还要做好人工呼吸和心脏挤压的准备工作。

③如经检查发现,病人处于"假死"状态,则应立即针对不同类型的"假死"进行对症处理:如果呼吸停止,应用口对口的人工呼吸法来维持气体交换;如心脏停止跳动,应用体外人工心脏挤

压法来维持血液循环。

a. 口对口人工呼吸法:病人仰卧、松开衣物——→清理病人口腔阻塞物——→病人鼻孔朝天、头后仰——→捏住病人鼻子贴嘴吹气——→放开嘴鼻换气,如此反复进行,每分钟吹气 12 次,即每 5s 吹气 1 次。

b. 体外心脏挤压法:病人仰卧硬板上——→抢救者用手掌对病人胸口凹腔——→掌根用力向下压——→慢慢向下——→突然放开,连续操作,每分钟进行 60 次,即每秒一次。

c. 有时病人心跳、呼吸停止,而急救者只有一人时,必须同时进行口对口人工呼吸和体外心脏挤压,此时,可先吹两次气,立即进行挤压 15 次,然后再吹两次气,再挤压,反复交替进行。

3. 创伤救护知识

创伤分为开放性创伤和闭合性创伤。开放性创伤是指皮肤或黏膜的破损,常见的有:擦伤、切割伤、撕裂伤、刺伤、撕脱、烧伤;闭合性创伤是指人体内部组织损伤,而皮肤黏膜没有破损,常见的有:挫伤、挤压伤。

(1)开放性创伤的处理。

①对伤口进行清洗消毒可用生理盐水和酒精棉球,将伤口和周围皮肤上沾染的泥沙、污物等清理干净,并用干净的纱布吸收水分及渗血,再用酒精等药物进行初步消毒。在没有消毒条件的情况下,可用清洁水冲洗伤口,最好用流动的自来水冲洗,然后用干净的布或敷料吸干伤口。

②止血。对于出血不止的伤口,能否做到及时有效地止血,对伤员的生命安危影响较大。在现场处理时,应根据出血类型和部位不同采用不同的止血方法:直接压迫——将手掌通过敷

料直接加压在身体表面的开放性伤口的整个区域;抬高肢体——对于手、臂、腿部严重出血的开放性伤口都应抬高,使受伤肢体高于心脏水平线;压迫供血动脉——手臂和腿部伤口的严重出血,如果应用直接压迫和抬高肢体仍不能止血,就需要采用压迫点止血技术;包扎——使用绷带、毛巾、布块等材料压迫止血,保护伤口,减轻疼痛。

③烧伤的急救。应先去除烧伤源,将伤员尽快转移到空气流通的地方,用较干净的衣服把伤面包裹起来,防止再次污染;在现场,除了化学烧伤可用大量流动清水冲洗外,对创面一般不做处理,尽量不弄破水泡,保护表皮。

(2)闭合性创伤的处理。

①较轻的闭合性创伤,如局部挫伤、皮下出血,可在受伤部位进行冷敷,以防止组织继续肿胀,减少皮下出血。

②如发现人员从高处坠落或摔伤等意外时,要仔细检查其头部、颈部、胸部、腹部、四肢、背部和脊椎,看看是否有肿胀、青紫、局部压疼、骨摩擦声等其他内部损伤。假如出现上述情况,不能对患者随意搬动,需按照正确的搬运方法进行搬运;否则,可能造成患者神经、血管损伤并加重病情。

现场常用的搬运方法有:担架搬运法——用担架搬运时,要使伤员头部向后,以便后面抬担架的人可随时观察其变化;单人徒手搬运法——轻伤者可扶着走,重伤者可让其伏在急救者背上,双手绕颈交叉垂下,急救者用双手自伤员大腿下抱住伤员大腿。

③如怀疑有内伤,应尽早使伤员得到医疗处理;运送伤员时要采取卧位,小心搬运,注意保持呼吸道畅通,注意防止休克。

④运送过程中,如突然出现呼吸、心跳骤停时,应立即进行人工呼吸和体外心脏挤压法等急救措施。

4. 火灾急救知识

一般地说,起火要有三个条件,即可燃物(木材、汽油等)、助燃物(氧气等)和点火源(明火、烟火、电焊花等)。扑灭初起火灾的一切措施,都是为了破坏已经产生的燃烧条件。

(1)火灾急救的基本要点。

施工现场应有经过训练的义务消防队,发生火灾时,应由义务消防队急救,其他人员应迅速撤离。

①及时报警,组织扑救。全体员工在任何时间、地点,一旦发现起火都要立即报警,并在确保安全前提下参与和组织群众扑灭火灾。

②集中力量,主要利用灭火器材,控制火势,集中灭火力量在火势蔓延的主要方向进行扑救,以控制火势蔓延。

③消灭飞火,组织人力监视火场周围的建筑物、露天物资堆放场所的未尽飞火,并及时扑灭。

④疏散物资,安排人力和设备,将受到火势威胁的物资转移到安全地带,阻止火势蔓延。

⑤积极抢救被困人员。人员集中的场所发生火灾,要有熟悉情况的人做向导,积极寻找和抢救被困的人员。

(2)火灾急救的基本方法。

①先控制,后消灭。对于不可能立即扑灭的火灾,要先控制火势,具备灭火条件时再展开全面进攻,一举消灭。

②救人重于救火。灭火的目的是为了打开救人通道,使被困的人员得到救援。

③先重点,后一般。重要物资和一般物资相比,先保护和抢救重要物资;火势蔓延猛烈方面和其他方面相比,控制火势蔓延的方面是重点。

④正确使用灭火器材。水是最常用的灭火剂,取用方便,资源丰富,但要注意水不能用于扑救带电设备的火灾。各种灭火器的用途和使用方法如下:

酸碱灭火器:倒过来稍加摇动或打开开关,药剂喷出。适用于扑救油类火灾。

泡沫灭火器:把灭火器筒身倒过来,打开保险销,把喷管口对准火源,拉出拉环,即可喷出。适合于扑救木材、棉花、纸张等火灾,不能扑救电气、油类火灾。

二氧化碳灭火器:一手拿好喇叭筒对准火源,另一手打开开关既可。适合于扑救贵重仪器和设备,不能扑救金属钾、钠、镁、铝等物质的火灾。

干粉灭火器:打开保险销,把喷管口对准火源,拉出拉环,即可喷出。适用于扑救石油产品、油漆、有机溶剂和电气设备等火灾。

⑤人员撤离火场途中被浓烟围困时,应采取低姿势行走或匍匐穿过浓烟,有条件时可用湿毛巾等捂住嘴鼻,以便顺利撤出烟雾区;如无法进行逃生,可向建筑物外伸出衣物或抛出小物件,发出求救信号引起注意。

⑥进行物资疏散时应将参加疏散的员工编成组,指定负责人首先疏散通道,其次疏散物资,疏散的物资应堆放在上风向的安全地带,不得堵塞通道,并要派人看护。

5. 中毒及中暑急救知识

施工现场发生的中毒主要有食物中毒、燃气中毒及毒气中毒;中暑是指人员因处于高温高热的环境而引起的疾病。

(1)食物中毒的救护。

①发现饭后有多人呕吐、腹泻等不正常症状时,尽量让病人

大量饮水,刺激喉部使其呕吐。

②立即将病人送往就近医院或打 120 急救电话。

③及时报告工地负责人和当地卫生防疫部门,并保留剩余食品以备检验。

(2)燃气中毒的救护。

①发现有人煤气中毒时,要迅速打开门窗,使空气流通。

②将中毒者转移到室外实行现场急救。

③立即拨打 120 急救电话或将中毒者送往就近医院。

④及时报告有关负责人。

(3)毒气中毒的救护。

①在井(地)下施工中有人发生毒气中毒时,井(地)上人员绝对不要盲目下去救助;必须先向出事点送风,救助人员装备齐全安全保护用具,才能下去救人。

②立即报告工地负责人及有关部门,现场不具备抢救条件时,应及时拨打 110 或 120 电话求救。

(4)中暑的救护。

①迅速转移。将中暑者迅速转移至阴凉通风的地方,解开衣服,脱掉鞋子,让其平卧,头部不要垫高。

②降温。用凉水或 50% 酒精擦其全身,直到皮肤发红、血管扩张以促进散热。

③补充水分和无机盐类。能饮水的患者应鼓励其喝足量盐开水或其他饮料,不能饮水者,应予静脉补液。

④及时处理呼吸、循环衰竭。呼吸衰竭时,可注射尼可刹明或山梗茶碱;循环衰竭时,可注射鲁明那钠等镇静药。

⑤医疗条件不完善时,应对患者严密观察,精心护理,送往附近医院进行抢救。

6.传染病急救措施

由于施工现场的人员较多,如果控制不当,容易造成集体感染传染病。因此需要采取正确的措施加以处理,防止大面积人员感染传染病。

(1)如发现员工有集体发烧、咳嗽等不良症状,应立即报告现场负责人和有关主管部门,对患者进行隔离加以控制,同时启动应急救援方案。

(2)立即把患者送往医院进行诊治,陪同人员必须做好防护隔离措施。

(3)对可能出现病因的场所进行隔离、消毒,严格控制疾病的再次传播。

(4)加强现场员工的教育和管理,落实各级责任制,严格履行员工进出现场登记手续,做好病情的监测工作。

参 考 文 献

[1] 中华人民共和国住房和城乡建设部. 建筑施工模板安全技术规范(JGJ 162－2008)[S]. 北京:中国建筑工业出版社,2008.

[2] 杨嗣信. 建筑工程模板施工手册. [M]. 北京:中国建筑工业出版社,2004.

[3] 建筑工人职业技能培训教材编委会. 模板工[M]. 北京:中国建筑工业出版社,2015.

[4] 中华人民共和国住房和城乡建设部. 混凝土结构工程施工质量验收规范(GB 50204－2015)[S]. 北京:中国建筑工业出版社,2015.

[5] 中华人民共和国住房和城乡建设部. 大体积混凝土施工规范(GB 50496－2009)[S]. 北京:中国建筑工业出版社,2009.

[6] 中华人民共和国住房和城乡建设部. 混凝土结构工程施工规范(GB 50666－2011)[S]. 北京:中国建筑工业出版社,2011.

[7] 中华人民共和国住房和城乡建设部. 建筑施工安全技术统一规范(GB 50870－2013)[S]. 北京:中国建筑工业出版社,2014.